高等职业教育电子信息类专业系列教材

智 能 终 端 维 护

主　编　梅容芳
副主编　林英撑　屈　珣
参　编　简　鑫　周向平　严洪立
　　　　杜秀君　陈　阳　康书雅
　　　　阮　涛
主　审　廖建文

中国轻工业出版社

图书在版编目（CIP）数据

智能终端维护/梅容芳主编. —北京：中国轻工业出
版社，2021.5

高等职业教育电子信息类专业系列教材

ISBN 978-7-5184-3168-7

Ⅰ.①智…　Ⅱ.①梅…　Ⅲ.①智能终端-维修-高等
职业教育-教材　Ⅳ.①TP334.1

中国版本图书馆 CIP 数据核字（2020）第 167096 号

责任编辑：张文佳　宋　博

策划编辑：张文佳　　责任终审：张乃东　　封面设计：锋尚设计
版式设计：霸　州　　责任校对：朱燕春　　责任监印：张　可

出版发行：中国轻工业出版社（北京东长安街 6 号，邮编：100740）

印　　刷：三河市国英印务有限公司

经　　销：各地新华书店

版　　次：2021 年 5 月第 1 版第 1 次印刷

开　　本：787×1092　1/16　印张：13.25

字　　数：300 千字

书　　号：ISBN 978-7-5184-3168-7　定价：39.80 元

邮购电话：010-65241695

发行电话：010-85119835　传真：85113293

网　　址：http://www.chlip.com.cn

Email：club@chlip.com.cn

如发现图书残缺请与我社邮购联系调换

210177J2C102ZBW

前 言
Foreword

编写本书的目的是提供一本适合职业院校通信技术、电子信息工程技术及相关专业学生使用的智能终端维护教材。

我们根据新的培养目标以及课程基本要求，结合多年来的教学经验编写此书，力求通俗易懂，深入浅出。

本书的特点主要有：

1. 本书采用五步训练法的崭新视角来讲述每个模块下各项目的具体内容，易于实现"做中学"和"教学做"一体化，便于培养学生的职业素质、表达能力和学习能力。

2. 本书知识面广，系统性和工程性强，将实践和理论紧密结合起来，易于实现应知应会一体化，便于教师开展课堂教学。

3. 本书打破传统教材的结构编排方式，采用模块化结构，编写过程中遵循"模块—项目"的体例，每个项目中引入"目标—准备—任务—行动—评估"五步训练法科学训练程序，便于推广教改成果。

4. 本书按照手机维修过程中点—线—面的逻辑来编写，重点介绍了维修行业服务人员规范、手机的拆装、元器件的识别与检测、常用元器件的拆焊与植锡、手机的识图、手机的测试、手机的故障分析与处理七个模块，便于学生理解课程的知识体系和掌握操作技能。

5. 本书附配套课件、教学视频，分别在模块2、模块4、模块7的部分实操内容上配有相关教学视频，可扫码观看，加强学习。

本书由宜宾职业技术学院梅容芳主编，由宜宾职业技术学院廖建文教授主审，由重庆大学林英撑和宜宾职业技术学院屈珣担任副主编，宜宾职业技术学院周向平、严洪立、杜秀君、陈阳、康书雅、阮涛和重庆大学简鑫等参编。本书在编写过程中，得到了四川朵唯智能云谷有限公司卢平、马坤坤、何映海，宜宾市临港经济技术开发区投资促进局就业服务处处长李子雄和宜宾市手机维修工程师刘怀波等人士的大力支持，他们对本书的编写提出了很多宝贵意见。在本书出版之际，对所有支持本书编写和出版的人士表示衷心感谢。

由于编者水平有限，书中难免不足之处，敬请同行专家及读者批评指正。

编者

目 录
Contents

模块1

维修行业服务人员规范

 模块描述

  作为手机维修人员需要熟悉并坚守维修行业服务人员规范和职业道德。

  本模块主要通过讲授职业素质的行为规范、前台服务的内容、处理顾客异议的技巧、静电防护的方法和措施等知识和对维修行业服务人员规范的模拟演练，来培养学生的行业服务规范和基本职业道德。

 能力目标

  1. 具备通信行业服务人员的职业素质。

  2. 具备通信行业前台服务的能力。

  3. 具备正确使用常用测试仪器和工具进行参数测试的能力。

  4. 具备团队协作、资料收集和自我学习的能力。

项目1.1 前台服务

1.1.1 目标

  1）懂得服务可以创造价值的理念。

  2）掌握电信行业人员的日常基本行为规范。

  3）明确自己在日后的工作中如何遵守行为规范。

1.1.2 准备

【必备知识】

（1）基本规范

  前台服务规范的基本细则有前台服务大厅行为规范，接听电话行为规范，语言规范，保密行为规范，邮件、传真书面往来的保密规定，顾客问题处理技巧以及人际沟通技巧。

  1）上岗前按规定着工装，服装整洁并佩戴胸卡；头发梳理整齐，不浓妆艳抹（图1-1）。

  2）顾客来访时应站立服务，站姿端正，保持自然亲切的微笑，工作时间不得随意离岗（图 1-2）。

图 1-1　着装规范

图 1-2　形体仪态规范

要热心、细心、快乐、自信，表情亲切自然而不紧张拘泥，神态真诚热情而不过分亲昵。

微笑的"三米八齿"原则，即对方进入 3 米范围时向对方微笑，微笑以至多露出八颗牙齿为准。

眼神专注大方而不四处游动。注视客户的面部时，不要聚集于一处，眼神不可高过客户的额头或低过客户的脖子；同客户相距较远时，一般应当以客户的全身为注视之点；递送物品时，应注视客户的手部。

3）受理投诉时礼貌周到，耐心解答。见到顾客主动打招呼，语言规范、清晰，对疑难问题不推诿，做到一视同仁。如遇繁忙，需请顾客稍等、谅解，务求提供周到、细致的服务（图 1-3）。

图 1-3　前台服务规范的综合形象展示

总体服务标准：以真诚服务，客户满意为准则。

在总体服务标准下，要真诚问候每一位客户，要主动了解客户的需求，要保持主动热情的态度，要提供迅速准确的服务，要耐心解答客户的询问，要虚心接受客户的意见，要关注特殊需要的客户，要主动为客户排忧解难。

4）对顾客应主动热情，遇个别顾客无理言行时，晓之以理，动之以情，不以恶言相待，不得与顾客发生打骂行为。

现场服务纪律：

① 不可在办理客户业务时处理其他事务（若有特殊情况，需征得客户同意）。

② 不可未经准许无故离开工作岗位。

③ 不可以技术术语和行业术语为难客户。

④ 不可推诿客户，实行首问责任制。

⑤ 不可在工作场合与人闲谈闲聊或干与工作无关的事。

⑥ 不可以貌取人、态度冷漠，要尊重客户。

⑦ 不可与客户发生争执。

⑧ 不可在仍有客户等待时暂停受理或离岗、下班。

5）接听电话时语言标准、清晰，态度和蔼、亲切，服务快捷、准确。对投诉内容要认真记录，及时派人处理或向主管汇报，并在24h内予以解决或答复，做到事事有着落，件件有回音，修缮后迅速回访，做好记录。

6）当被投诉者受理投诉时，受理者必须如实记录，不得回避。

7）接待工作中坚持原则，秉公办事，不徇私情，自觉抵制不正之风，严守法纪，不以权谋私。

8）做好各项记录，各项工作清楚、准确、及时、无差错。

9）保证前台各种工作用品完好、整洁、有序，周围环境整洁、美观。

（2）服务规范

序列	类别	内　　容
1	前台服务大厅行为规范	1）遵守公司规定 2）按说明书要求正确使用办公设备 3）办公桌面保持整洁，物品摆放有序，做到6S，即整理、整顿、清扫、清洁、安全、素养 4）日清办公现场，办公桌物品摆放有序，椅子推回原位 5）工作时间禁止看与工作无关的报纸、杂志 6）他人不在时要及时代接他人电话，并做好电话记录 7）上班时严禁打私人电话，接听私人电话要简短 8）上班时间禁止聊天、大声喧哗，保持安静的工作环境 9）勤俭节约，稿纸双面使用，下班做到"五关"（关灯、关计算机、关复印机、关打印机、关空调） 10）与用户交谈时，要认真倾听，不要随意打断用户的谈话或随意转移话题，将手机设成静音 11）对用户提出的问题、要求、意见和建议要做翔实记录 12）对用户应言而有信，不随意承诺，谦虚稳重、不卑不亢
2	接听电话行为规范	1）接听电话前要做好记录的准备 2）电话铃响必须尽快摘机，并使用礼貌用语 3）他人不在时要及时代接 4）摘机后要主动说"您好，××公司"，并报姓名 5）有事询问对方要说"请问……" 6）在需要对方等待时，要说"请您稍等一下" 7）让对方等待时间不得超过3min，否则请对方留下电话号码，主动打电话给对方 8）在与客户谈话的过程中，接听电话应向客户表示歉意，并尽量简短 9）当接听已接通的电话时，应说"您好，我是×××" 10）问答对方问题时，严禁说"不知道" 11）电话沟通要简练，严禁闲聊、拉家常 12）电话中断要主动打给对方

续表

序列	类别	内　容
2	接听电话行为规范	13)对打错的电话要耐心说明,切勿生硬回绝 14)电话记录的事情一定要落实,落实后的结果及时反馈给对方 15)接听电话时无论对方持何种态度,都必须耐心、谦和、不卑不亢,但不要过分热情 16)接听电话声音不要太大,以免影响他人工作 17)接听电话禁止使用免提 18)电话结束时,要说"再见",待对方挂机后,自己再挂机
3	语言规范	1)工作中使用普通话 2)尊重对方,谦虚稳重,少用"我们××大公司"等词句 3)常用语:"感谢您对我们公司的支持""希望我们能共同发展""谢谢你们对我们的帮助""您的意见对我们很重要""你们的问题就是我们的问题""这件事我来帮您处理""欢迎您给我们提宝贵意见" 4)禁忌语:"这事不归我管""这是公司规定,我没办法""这是小事,无所谓""不关我事,你找别人吧""不可能""我是新来的,这我不懂""我没空""我做不了""我不知道"
4	保密行为规范	1)员工有义务保守公司的商业秘密与技术秘密,遵守员工保密规范,维护公司的知识产权 2)员工未经公司授权或批准,不准对外有意或无意提供任何涉及公司商业秘密与技术秘密的书面文件和未公开的经营机密或口头泄露以上秘密 3)在任何场合、任何情况下,对内、对外都不泄露、不打听、不议论本人及公司的薪酬福利待遇的具体细节和具体数额 4)员工未经公司书面批准,不得在公司外兼任任何获取薪金的工作,尤其严格禁止以下兼职行为: ① 兼职于公司的业务关联单位或商业竞争对手 ② 所兼任的工作构成对本单位的商业竞争 ③ 在公司内利用公司的时间资源和其他资源从事兼任的工作 5)不得与用户谈论有关竞争对手的情况
5	邮件及传真书面往来的保密规定	1)面对客户: ① 邮件、传真中不得涉及公司机密 ② 给客户的邮件、传真中用字应仔细斟酌,避免用词生硬、尖刻、不礼貌,发重要邮件或传真前应征求部门主管的意见 ③ 与客户间往来的邮件、传真是重要的书面记录,应认真归档保存,不得随意处置 2)公司内部:节约公司网络资源,不乱发与工作无关的邮件或超大邮件
6	顾客问题处理技巧	(1)顾客抱怨的发生原因是顾客有不满的地方 1)服务人员态度、服务太差 2)收费过高 3)等待太久,耗费时间 4)技术太差,产品不好 5)售后服务太差 6)宣传(广告)夸大 7)其他 顾客抱怨的真正原因70%来自于"沟通不良" (2)棘手顾客的应对技巧 1)面对激动的顾客时:先别急于解决问题,而应先抚平顾客的情绪,然后再来解决问题,别把顾客的话看得太认真,事实上他们所说的都是因为激动而口不择言,并不一定真是那么回事。当碰到这样的顾客,务必保持冷静 2)面对不太吭声的顾客时:以开放性问话技巧,鼓励他多回答些 ① 是什么问题 ② 怎么发生的 ③ 希望我们怎么帮助

续表

序列	类别	内容
6	顾客问题处理技巧	④ 要我们怎么做呢 3)面对善于抱怨的顾客时:善于抱怨的顾客通常话都比较多,倾听才是最重要的 4)面对生闷气顾客时: ① 把你所看见的情形说出来 ② 让他能够吐出心中闷气 5)面对蛮不讲理的顾客时: ① 要保持不动气 ② 脸上露出微笑:"你希望我怎么解决这个问题?" ③ 要能满足你的期望对我来说也是个问题,请问我该怎么做? 6)面对有敌意的顾客时: ① 让他继续叫吧!让他将火气发泄掉 ② 注意听他讲些什么 ③ 运用肢体语言,表示关切 ④ 运用言语的技巧;如"是的""原来是这么回事" ⑤ 复述那个使他生气的原因 ⑥ 找出那个必须解决的重点 ⑦ 讲些能让对方知道你关切他情况的话 (3)处理顾客抱怨的技巧 1)六个步骤: ①向顾客致歉;②专注地倾听;③复述内容并确认;④询问期望;⑤共同协议;⑥双方约定 2)处理顾客抱怨的行动要点: ① 仔细聆听。让顾客完整无疑地表达,甚至于宣泄情绪,以深入了解顾客抱怨的内容 ② 言语降低身段。对顾客的抱怨诚恳表示歉意,并且在彼此谈话的过程中,适当地降低身段,有助于彼此和谐 ③ 承认问题存在。尊重顾客的抱怨,正常状况下顾客很少没事找事,我们无须辩白,并非一定承认你有问题,而是承认"顾客已经产生抱怨"的存在 ④ 显示关心。以一颗体谅的心去感受对方,顾客的问题经常也是我们的问题,所以应即时表示你的理解与关心 ⑤ 冷却状况。沉住气,尽量让顾客在理性而稳定的状况下表达,你该把当时的状况先行降温,逐渐冷却下来 ⑥ 立即记录建立事实。无论是否与顾客面对面,应掌握顾客抱怨的要点而勿遗漏,并且记录下来及时对顾客进行重复、确认动作 ⑦ 表示采取行动。清楚地告知顾客你将采取的行动,不但让顾客了解,且强调你的承诺,然后尽快处理,例如:自行处理或知会他人处理 ⑧ 协商解决问题。有时可以探询顾客希望解决的办法,或先提出办法以征求顾客的同意 ⑨ 追踪与回馈。主动确定追踪时间及方式,并对顾客进行回报(馈)以确保顾客抱怨处理成功,例如:如处理时间过长,应以电话定期回馈顾客
7	令人欢迎的沟通技巧	(1)基本原则 ① 永远记得对方姓名 ② 保持微笑 ③ 给予赞美,不任意批评 ④ 三 F:Face,给对方面子;Fate,珍惜缘分;Favor,施予小惠 (2)常用的沟通技巧 1)关怀、尊重与认可。表现出专业与人性化的精神,以诚挚的态度关怀对方,并表现对对方的肯定及应有的尊重 2)仔细聆听和适当反应。不轻易干扰或打断、细心收集资讯、感受对方的状况,并在适当的时机给予支持及引导 3)记录。表示重视对方的谈话,并能清楚地记录谈话内容,以免有所遗漏或事后忘记的事情发生

续表

序列	类别	内 容
7	令人欢迎的沟通技巧	4)整理、摘要与确认。协助对方,对彼此的沟通内容进行整理,并摘要提出,以确认沟通结果,避免双方误解,并有加强的效果 5)适度表达自己的意见。在必要的状况下,适度表达自己的意见,重点必须把握交流的原则而非制造冲突 6)指定选择。在谈话进行中逐步设计理想的二择一状况,以让客户在固定范围内做出对自己有利的抉择 7)联结。不同阶段的沟通勿让其成为单一的独立事件,而加以联结起来才能取得完整的沟通结果 8)引导。设计结构式谈话,逐步引导谈话内容的转变,重点的转移而给予自己想要的谈话空间 9)尽量导出结果(承诺)。摆脱陷入泥沼的沟通,避免没有结果的沟通,以主动的方式为双方建立明确的结果 10)给予对方激励。真心体察对方的优点或对方的良好语言、行为表现,给予精神上或物质上的激励

【器材准备】

①白纸;②不同颜色的彩色铅笔;③计算机。

【项目准备】

表 1-1　　　　　　　　　　　前台服务的项目准备单

步骤	主要内容	具体要求
第一	前台服务规范的基本细则	
第二	前台服务大厅行为规范	
第三	接听电话行为规范	
第四	语言规范	
第五	保密行为规范	
第六	邮件、传真书面往来的保密规定	
第七	顾客问题处理技巧	
第八	令人欢迎的人际沟通技巧	

1.1.3　任务

1)以小组为单位,确定模拟演练场景。

2)根据场景进行人员分工。

3)制定剧本提纲。

4)编写模拟演练剧本。

5）模拟演练。

1.1.4 行动

【行动要求】

1）采用小组协作法，各小组由组长根据任务进行分工，全体组员共同完成任务单的各项内容。

2）每个小组必须严格遵守任务实施步骤和职业规范，认真完成剧本编写。

3）遇到疑难问题先进行小组内部的集体分析讨论，探求解决方案，确实无法解答的可以进行组间讨论或向老师请教，老师做好巡回指导，遇到共性问题及时进行解答。

【行动内容】

（1）剧本模拟练习一

1）演练方式：学员分成若干小组，每个小组4～6人；各小组内部进行讨论，推荐 N 人参与演练，并自行商量分配演练的角色。

2）演练场景：客户服务中心。

3）演练内容：接听电话。

时间：周一早晨9：00，小王的办公室突然电话铃响。

小王：喂！谁呀！

客户：你好，你们是××公司吧？我是××公司张三，我们公司刚买了你们公司的一批手机，我想咨询一个它的操作方法问题。

小王：这个问题很简单呀，你看操作使用手册了吗？

客户：看了，没有！

小王：看了？不可能，手册上肯定有的。我现在挺忙的！你再去查查手册吧，肯定有的，看完了就明白了……

4）讨论：上文中小王有哪些不规范的地方？

5）学生重新演练：如果你是小王，你会怎么说？

（2）剧本模拟练习二

1）演练方式：学员分成若干小组（一般4～6个小组），每个小组4～6人；各小组内部进行讨论，推荐 N 人参与演练，并自行商量分配演练的角色。

2）演练场景：手机营业大厅。

3）演练内容：手机销售。

顾客（穿着很朴素）：想要买一部2000元以上的智能手机。

营业员丽丽：稍等一下（正在打电话，没有理会顾客），大约3min过去了，才来到柜台，给顾客推荐1000元以内的一部手机。

顾客：不要这部，要另一部（价格比较高）。

营业员丽丽：这部要2000多元呢，你买得起吗？不要的话，我就不拿出来了，麻烦得很。

顾客：你是怎么说话的？这什么态度，我不买了。

（事后，顾客生气离开大厅，营业员被解雇。）

4）每组推荐一名学生谈小组讨论的结果，3～5名学生可自愿上讲台谈谈自己本次活动的感受和收获。

5）讨论。

① 丽丽为什么会被解雇？指出她的错误之处。

② 丽丽应该怎样做？

③ 丽丽的解雇处理是否太重？

1.1.5 评估

【评估目标】 你是否具备了前台服务的能力？

【评估标准】 如表 1-2 所示，评估结果用 A＋、A、B、C 来分别表示优秀、良好、合格、不合格。

表 1-2   项目评估用表

评估项目	评估内容	小组自评	教师评估
应知部分	1. 能正确回答服务人员行为规范的主要内容 2. 能结合具体工作运用服务人员的行为规范		
应会部分	1. 态度端正，团队协作，能积极参与所有行动 2. 主动参与行动，能按时按要求完成各项任务 3. 认真总结，积极发言，能正确解读项目准备单中的问题		
学生签名：	教师签名：	评价日期： 年 月 日	

【课后习题】

1）在前台服务过程中主要有哪些顾客问题处理技巧？

2）维修行业服务人员在从业过程中令人受欢迎的人际沟通技巧主要体现在哪些方面？

项目1.2 售后职业素质培养

1.2.1 目标

1）明确服务可以创造价值的理念，掌握通信行业服务人员特有的行为规范和服务技巧。

2）明确自己在日后的工作中如何遵守行为规范和规则。

1.2.2 准备

【必备知识】

● 售后服务常见流程及规范

职业素质就是养成良好的职业习惯，以提高工作效果和工作效率；售后服务规范主要是售后服务过程中主要应遵循的一些要求。下面重点以售后维修服务过程要求为例来讲解通信行业服务人员的职业素质培养。

售后维修服务过程一般共三个步骤，如表 1-3 所示。

表 1-3 销售步骤

步骤环节	步骤内容
第一步骤	接机服务
第二步骤	跟单服务
第三步骤	取机服务

1）步骤之一：接机服务。

一般顾客前来维修时，首要就是接机服务，在接机服务过程中，通过和顾客接触了解必要的信息，并为顾客提供一个良好标准化的服务流程，是建立售后服务形象的主要渠道。常见接机服务流程如下：

① 面带微笑，主动问候客户，请客户入座，掌心向上，并告诉客户自己的名字。

② 积极聆听客户讲述，重述客户所讲内容，确认并准确了解故障，根据客户描述确认故障是否存在，并初步对故障原因进行分析。

③ 确认是最终用户自己使用还是别人用，并留下客户姓名和联系方式，保证客户资料的真实性，便于后期回访。

④ 看到客户名字后，以客户姓氏尊称客户。

⑤ 通过销售系统和手机销售票据查询手机的保修期。

⑥ 如果系统显示客户手机不在保修期内，提醒客户提供有效的保修卡和发票，并以此为准提醒客户做好数据备份，如升级或换了主板后资料全部会丢失。

⑦ 如有外观损坏、附件不齐全、有非原装配件的现象，须告知客户并在接机工单上注明，并告知人为损坏不保修。

⑧ 检查机身有无防伪贴及维修封贴是否完好，是否有进液痕迹、人为损坏、零配件缺失、机身 IMEI 和保修卡是否一致。

⑨ 除客户所述故障之外是否还有其他故障。

⑩ 只收客户手机及需更换的配件和保修卡，其他附件不收，并提醒客户自己妥善保管，并在接机单上注明有无提供备用机及充电器。

⑪ 根据客户所诉情况录入售后登记表（附表），并告知客户机器将送至哪里维修，大概返回时间，并要顾客保证所留电话畅通。

⑫ 若是设置和使用造成的问题则当面解决好，若为非保另外处理。

2）步骤之二：跟单服务。

在维修服务中，还需要提供跟单服务，以确保及时了解维修进度，及时和顾客进行沟通。跟单服务一般要求：本机销售人员跟单（主管审查），5 天手机未返回，必须询问售后情况，并回访客户告知原因（告知主管），7 天未返回手机通知主管，10 天未返回必须紧急处理，主管跟进。

3）步骤之三：取机服务。

取机通常是售后服务的最后一环，取也是最重要的一环，只有提供良好的服务，才算完成了售后的整个服务环节，为顾客解决了问题，建立顾客对售后服务的满意度，常见取机服务流程如下：

① 请用户到取机台取机，查看取机单，注意微笑、目光接触。

② 将手机安装好后并帮助用户设定好时间。

③ 请用户试用手机，双手将手机递给用户，注意机身正面朝向用户。

④ 告诉用户故障及处理方式。

⑤ 如果没有问题请用户返还备用机和充电器，并收回前台接机单，对我们的服务做出评价，提出宝贵意见。

⑥ 感谢用户使用手机，如果还有问题可以随时和我们联系，注意面带诚恳微笑，礼貌送客。

【器材准备】

①白纸；②不同颜色的彩色铅笔；③计算机。

【项目准备】

表 1-4 　　　　　　　　　　　　职业素质培养的项目准备单

步骤	主要内容	具体要求	注意事项
第一步骤	接机服务		
第二步骤	跟机服务		
第三步骤	取机服务		

1.2.3　任务

1）以小组为单位，确定模拟演练场景。

2）根据场景进行人员分工。

3）制定剧本提纲。

① 产品店名：……

② 服务定位：……

③ 产品价位：……

④ 角色定位：……

⑤ 人员分工：

a. 文本编写：

b. 道具准备：

c. 智囊团：

d. 摄影师：

⑥ 挫折设计：……

⑦ 情景设计概要：……

4）编写模拟演练剧本：……

5）模拟演练。

1.2.4　行动

【行动要求】

1）采用小组协作法，各小组由组长根据任务进行分工，全体组员共同完成任务单的各项内容。

2）每个小组必须严格遵守任务实施步骤和职业规范，认真完成剧本编写。

3）遇到疑难问题先进行小组内部的集体分析讨论，探求解决方案，确实无法解答的可以进行组间讨论或向老师请教，老师做好巡回指导，遇到共性问题及时进行解答。

【行动内容】

1）将全班学生分成5～8个小组，每个小组选组长1人。按照指导教师的要求，深入学校、电信营业场所或繁华街道调查居民客户，研究其购买行为的形成过程，分析其购买动机和购买行为的类型以及影响客户购买行为的因素，并针对不同情况，提出不同的营销策略。随后由指导教师安排各小组代表发言并进行交互式对抗评议，最后由指导教师进行综合点评。

2）将全班学生分成5～8个模拟公司，各公司设经理1人。在各公司经理领导下，以客户需求为切入口，对客户购买心理及行为进行深入调查研究，制定出自己的客户研究方案，并在全班师生面前进行展示，师生共同评议竞争双方或多方方案的优劣。

1.2.5 评估

【评估目标】 你是否具备了售后服务岗位的基本职业素质？

【评估标准】 如表1-5所示，评估结果用A＋、A、B、C来分别表示优秀、良好、合格、不合格。

表 1-5 项目评估用表

评估项目	评估内容	小组自评	教师评估
应知部分	1. 能正确回答通信业务售后服务人员的服务规范 2. 明确了解通信业务售后服务人员的服务步骤 3. 能结合具体工作运用通信业务售后服务规范		
应会部分	1. 态度端正,团队协作,能积极参与所有行动 2. 主动参与行动,能按时按要求完成各项任务 3. 认真总结,积极发言,能正确解读项目准备单中的问题		
学生签名：	教师签名：	评价日期： 年 月 日	

【课后习题】

1）总结售后服务的步骤及各个环节的注意事项。

2）总结售后服务人员的职业道德规范。

项目1.3 静电防护方法

1.3.1 目标

1）明确静电的产生条件，懂得静电对电子敏感器件的危害。

2）学会静电的防护，严格遵守静电防护操作规范。

1.3.2 准备

【必备知识】

（1）静电的概念

静电：静电就是物体上多余的电荷。它所产生的效应包括带电体之间力的作用和电场。

静电放电：带有不同静电电势的物体或表面之间的静电电荷转移。它有两种形式，即接触放电和电场击穿放电。

人体产生几千伏的电压也很常见。人是导体，容易产生静电，对地能储存电荷，人在走动时更易产生静电，产生 15kV 的静电很常见，产生 35kV 的静电也是可能的。

电压大，电量却很少，所以电流也很小；人体的安全电流是 50mA。

湿度对静电的影响很大，另外温度变化、辐射也能产生静电。

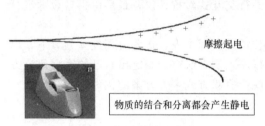

摩擦起电

物质的结合和分离都会产生静电

图 1-4　摩擦产生静电

静电放电（ESD）是一个上升时间可以小于 1ns（10 亿分之一秒）甚至几百 ps（1ps ＝ 10000 亿分之一秒）的非常快的过程。

静电抗扰是手机进入各国市场的必测项目，也是厂家较担心的问题之一。

静电的摩擦产生和移动产生分别如图 1-4、图 1-5 所示。

（2）静电的特点

1）高电位：可达数万至数十万伏，操作时常达数百至数千伏（人通常对 3kV 以下静电不易感觉到）。

2）低电量：静电流多为微安级。

3）作用时间短：微秒级。

4）受环境影响大：特别是湿度，湿度上升则静电积累减少，静电压下降。

图 1-5　移动产生静电

（3）静电的危害

1）软件故障率约 30％。

2）硬件故障中器件失效率约 30％、外应力（环境温度湿度、灰尘腐蚀、雷电、机械应力、包装等）导致产品故障率约 30％。

3）器件失效中 EOS/ESD 失效率占 30％～40％，而高静电敏感的器件 EOS/ESD 失效率高达约 60％。

在电子通信产品故障中，静电损坏元器件的照片如图 1-6 所示。

（4）静电放电控制

静电控制主要讲述 4W1H，即：为什么要进行 ESD 控制（Why）？ESD 是电子敏感器件的主要杀手。哪些人要参与进行 ESD 控制（Who）？采购、研发、生产、检验、包装、运输、销售、维护的

图 1-6　静电损坏元器件的照片

所有人员均要做好静电防护。在哪些地方需要进行 ESD 控制（Where）？生产线、检测线、包装线、仓库、运输过程、基站等用到产品的地方。控制什么（What）？静电控制主要控制环境、人员、材料及流程制度。怎样进行 ESD 控制（How）？

产品物料对环境温湿度有特殊要求时，应根据需要和实际条件采取相应的局部环境保证措施。

1）环境控制。

① 温度和湿度：生产制造和维修区域属于静电高风险区域。温度为 20～30℃，相对湿度（RH）为 45％～75％。

② 其他防静电工作区环境的温湿度一般要求：温度为 20～30℃，相对湿度（RH）为 30％～75％。

2）设备安全接地。

3）使用防静电工作台。

① 防静电台垫的尺寸应不小于工作台面的大小。

② 防静电台垫均须正面（即防静电面、耗散层）朝上、背面（即导电层）朝下铺设。

③ 多个防静电工作台的接地线不能相互串接，应以并联方式与公共接地线连接，每块台垫（地垫）必须且只需接一根防静电地线。

在桌面铺设防静电台垫，而后在表面扣上防静电接地线一端纽扣，另一端接在通向大地导体，这样就把汇集在桌面上的静电通

图 1-7　防静电台垫实物图及剖析图

过防静电接地线泄放出去了。防静电台垫实物图及剖析图如图 1-7 所示。

其原理：绿色面为储藏吸收桌面周围静电，其电阻 10^7～10^9Ω；黑色底面为导体，其表面电阻值≤10^6Ω，能很快将吸收的静电排出；接地线一端连接防静电台垫，另一端连着大地，因此静电通过接电线顺利地泄放到大地，把桌面周围静电泄放出去了。

【器材准备】

①白纸；②不同颜色的彩色铅笔；③计算机；④静电防护工具。

【项目准备】

表 1-6　　　　　　　　　　　　静电防护的项目准备单

序号	具体内容	要点记录
1	静电的概念	
2	静电产生的原因	
3	静电放电控制	
4	静电防护的方法	

1.3.3 任务

1）列出布置手机维修防静电环境的材料清单。

2）现场模拟布置手机维修防静电环境。

1.3.4 行动

【行动要求】

1）采用小组协作法，各小组由组长根据任务进行分工，全体组员共同完成任务单的各项内容。

2）每个小组必须严格遵守任务实施步骤和职业规范，认真完成设备选择及布置。

3）遇到疑难问题先进行小组内部的集体分析讨论，探求解决方案，确实无法解答的可以进行组间讨论或向老师请教，老师做好巡回指导，遇到共性问题及时进行解答。

【行动内容】

布置一个手机维修防静电环境。

1.3.5 评估

【评估目标】 你是否了解静电防护？

【评估标准】 如表 1-7 所示，评估结果用 A＋、A、B、C 来分别表示优秀、良好、合格、不合格。

表 1-7　　　　　　　　　　　　　　项目评估用表

评估项目	评估内容	小组自评	教师评估
应知部分	1. 正确回答静电的产生与危害的主要内容 2. 明确 4"W"1"H"的含义 3. 能布置手机维修防静电环境，做好静电防护		
应会部分	1. 态度端正，团队协作，能积极参与所有行动 2. 主动参与行动，能按时按要求完成各项任务 3. 认真总结，积极发言，能正确解读项目准备单中的问题		
学生签名：	教师签名：	评价日期：　年　月　日	

【课后习题】

1）总结手机维修静电防护的措施。

2）总结日常生活中静电防护的重要性及措施。

模块2

手机的拆装

 模块描述

在手机维修中，了解手机的产生过程和发展历程，掌握各种不同类型手机的结构特点，熟悉各种工具的使用，对功能性手机和智能手机进行拆装等，是维修人员必备的基本能力之一。通过对不同手机结构的分析和基本拆装技巧的掌握，可将手机进行无损拆装，确保手机能够正常地进行维修。

 能力目标

1. 掌握各种不同类型手机的结构特点。
2. 掌握拆装、维修工具使用方法及拆焊、焊接技巧。
3. 具备不同结构手机的拆装能力。

项目 2.1 手机类型

2.1.1 目标

1）了解手机的产生过程和发展历程。
2）掌握各种不同类型手机的结构特点。
3）学会从不同的角度观察和分析一部手机。

2.1.2 准备

【必备知识】

（1）手机的产生历史

手机的概念最早在 20 世纪 40 年代便已产生，又称移动电话，或无线电话，早期俗称大哥大，是一种可以握在手上能在较广范围内使用的便携式电话终端。手机是踩着电报和电话等的肩膀降生的，没有前人的努力，无线通信无从谈起。追溯历史，手机的发展经历了如下过程：

1831 年，英国的法拉第发现了电磁感应现象，麦克斯韦进一步用数学公式阐述了法拉第等人的研究成果，并把电磁感应理论推广到了空间。

六十多年后赫兹在实验中证实了电磁波的存在。电磁波的发现成为"有线电通信"向"无线电通信"的转折点，也成为整个移动通信的发源点。

1844 年 5 月 24 日，莫尔斯的电报机从华盛顿向巴尔的摩发出人类历史的第一份电报："上帝创造了何等奇迹！"

1875 年 6 月 2 日，贝尔做实验的时候，不小心把硫酸溅到了自己的腿上。他疼得对另一个房间的同事喊"特，快来帮我啊！"而这句话通过实验中的电话传到了在另一个房间接听电话的特耳里，成为人类通过电话传送的第一句话。

1902 年，一位叫作内森·斯塔布菲尔德的美国人在肯塔基州默里的乡下住宅内制成了第一个无线电话装置，这部可无线移动通信的电话就是人类对"手机"技术最早的探索研究。

1940 年，美国贝尔实验室制造出战地移动电话机。

1946 年，从圣路易斯的一辆行进中的汽车中打出了世界上第一个用移动电话所拨打的电话。

1957 年，苏联杰出的工程师列昂尼德·库普里扬诺维奇发明了 ЛK-1 型移动电话。

1958 年，库普里扬诺维奇对自己的移动电话做了进一步改进。设备重量从 3 千克减轻至 500 克（含电池重量），外形精简至两个香烟盒大小，可向城市里的任何地方进行拨打，可接通任意一个固定电话。

1958 年，苏联沃罗涅日通信科学研究所开始研制出世界上第一套全自动移动电话通信系统"阿尔泰"。

1959 年，性能杰出的"阿尔泰"系统在布鲁塞尔世博会上获得金奖。

1963 年，"阿尔泰"系统在莫斯科进行了区域测试。

1969 年年末起，"阿尔泰"系统在苏联的 30 多个城市中正式提供移动服务。

1973 年 4 月，美国著名的摩托罗拉公司工程技术员马丁·库帕发明世界上第一部民用手机。

1975 年，美国联邦通信委员会（FCC）确定了陆地移动电话通信和大容量蜂窝移动电话的频谱，为移动电话投入商用做好了准备。

1979 年，日本开放了世界上第一个蜂窝移动电话网。

1982 年，欧洲成立了 GSM（移动通信特别组）。

1985 年，第一台现代意义上的可以商用的移动电话诞生。它是将电源和天线放置在一个盒子里，重量达 3 千克。

1987 年，产生了重量大约 750g 的手机，形状像一块大砖头。

1991 年，产生了重量约为 250g 的手机。

1996 年，产生了重量约为 100g 的手机，体积为 100cm^3。

1999 年，产生了重量约为 60g 以下的手机，手机进一步小型化、轻型化。

（2）手机的发展历程

1）1G 手机。第一代手机（1G）是指模拟的移动电话，也就是在 20 世纪八九十年代中国香港、美国等影视作品中出现的大哥大，1995 年问世的第一代数字手机只能进行语音通话。最先研制出手机的是美国的 Cooper 博士。由于当时的电池容量限制和模拟调制技术需要硕大的天线和集成电路的发展状况等制约，这种手机外表四四方方，只能称为可移动算不上便携。很多人称呼这种手机为"砖头"或是黑金刚等。

这种手机有多种制式，如 NMT，AMPS，TACS，但是基本上使用频分复用方式只能进行语音通信，收讯效果不稳定，且保密性不足，无线带宽利用不充分。此种手机类似于简单的无线电双工电台，通话是锁定在一定频率的，所以使用可调频电台就可以窃听通话。

2）2G 手机。第二代手机（2G）是 1996—1997 年出现的数字手机，除了可以实现语音功能外，增加了接收数据的功能，如接收电子邮件或网页。通常这些手机使用 GSM 或者 CDMA 这些十分成熟的标准，具有稳定的通话质量和合适的待机时间。在第二代中为了适应数据通信的需求，一些中间标准也在手机上得到支持，例如支持彩信业务的 GPRS 和上网业务的 WAP 服务，以及各式各样的 Java 程序等。

3）2.5G 手机。一些手机厂商将自己的一些手机称为 2.5G 手机，其特色就是拥有 GPRS 功能。

4）2.75G 手机。一些手机厂商也将自己的一些手机称为 2.75G 手机，其特色就是拥有比 GPRS 速度更快的 EDGE 功能。

5）3G 手机。相对于第一代模拟制式手机（1G）和第二代数字手机（2G）而言，第三代手机是指将无线通信与国际互联网等多媒体通信结合的新一代移动通信系统。它能够处理图像、音乐、视频流等多种媒体形式，提供包括网页浏览、电话会议、电子商务等多种信息服务。

国际电联规定 3G 手机为 IMT-2000（国际移动电话 2000）标准，欧洲的电信业巨头们则称其为"UMTS"通用移动通信系统。国际上 3G 手机有 3 种制式标准：欧洲的 WC-DMA 标准、美国的 CDMA2000 标准和由中国科学家提出的 TD－SCDMA 标准。国际电联"IMT-2000"规定，在室内、室外和行车的环境中能够分别支持至少 2Mbps（兆比特/每秒）、384kbps（千比特/每秒）以及 144kbps 的传输速度。其中，用户可用速率还与建筑物内详细的频率规划以及组织与运营商协作的紧密程度相关。

6）3.5G/3.75G 手机。3.5G 手机偏重于数据安全和数据通信。3.5G 采用 HSDPA、HSDPA＋、HSDPA 2＋及 HSUDA，可以让用户享用 7.2M 到 42M 的下载速率。在提供高速数据服务的同时，安全性也得到了改善，一方面加强个人隐私的保护，另一方面加强数据业务的研发，引入了更多的多媒体功能和更加强劲的运算能力，不再只是个人的通话和文字信息终端，而是更多功能性的选择。移动办公及对通信的强劲需求将使得手机与个人电脑的融合趋向加速，手机将逐渐拥有个人电脑的功能。

7）4G 手机。第四代手机（4G）指应用第四代移动通信技术的手机，从外观上看，4G 手机真机外观与常见的智能手机无异，它们主要特点在于分辨率高、内存大、主频高、处理器运转快、摄像头高清。支持 4G 网络传输的手机，最高下载速度超过 80Mbps，达到主流 3G 网络网速的 10 多倍，是联通 3G 的 2 倍。4G 网络在通信带宽上比 3G 网络的蜂窝系统的带宽高出许多，每个 4G 信道将占有 100MHz 的频谱，相当于 WCDMA 3G 网络的 20 倍，其网络传输速度比目前的有线宽带还要快 N 多倍，能够传输高质量视频图像，图像传输质量与高清晰度电视不相上下。

8）5G 手机。第五代手机（5G）是指使用第五代通信系统的智能手机。2017 年 12 月

21 日，在国际电信标准组织 3GPP RAN 第 78 次全体会议上，5G NR 首发版本正式发布，这是全球第一个可商用部署的 5G 标准。其中，中国移动作为唯一报告人和协议主编，领导完成了 5G 空口场景和需求研究项目，输出 5G 空口技术纲领性文件，后续所有技术研发和标准化均以此文件为准绳。

2018 年 4 月中兴通讯和中国移动打通首个 5G 电话，中兴通讯联合中国移动广东公司在广州成功打通了基于 3GPP R15 标准的电话，正式开通端到端 5G 商用系统规模外场站点，在 28 千兆赫（GHz）波段下达到了 1Gbps 的传输速度。

9）一直在发展的手机。手机的外观、功能、网络制式、机械结构等都在迅速发展。目前，手机的功能除了可以进行语音通信以外，还具有收发短信（短消息、SMS）、MMS（技术）、无线应用协议（WAP）、PDA、游戏机、MP3、照相、录音、摄像、定位等功能。

（3）手机的类型

手机从品牌、外观、制式、功能特点、操作系统、手机号段等不同的角度，有不同的分类方法。通常我们将手机简单地分为智能手机和非智能手机两大类。

一般智能手机的性能比非智能手机要好，但是非智能手机比智能手机性能稳定，大多数非智能手机和智能手机使用英国 ARM 公司架构的 CPU。智能手机的主频较高，运行速度快，处理程序任务更快速，日常使用更加方便；而非智能手机的主频则比较低，运行速度也比较慢。目前，市面上应用最多的是智能手机。

智能手机，是掌上电脑与手机的结合体，它具有独立的操作系统，大多数是大屏机，而且是触摸电容屏，也有部分是电阻屏，功能强大，实用性高，可通过移动通信网络来实现无线网络接入，可由用户自行安装第三方服务商提供的程序，以实现不断对手机的功能扩充。从广义上说，智能手机除了具备手机的通话功能外，还具备了掌上电脑的大部分功能，特别是个人信息管理以及基于无线数据通信的浏览器和电子邮件功能。智能手机为用户提供了足够的屏幕尺寸和带宽，既方便随身携带，又为软件运行和内容服务提供了广阔的舞台。很多增值业务可以就此展开，如：股票、新闻、天气、交通、商品、应用程序下载、音乐图片下载等。

【器材准备】

①各种不同类型的功能机；②各种不同类型的智能机；③充电器；④稳压电源；⑤彩色铅笔；⑥卡纸。

【项目准备】

对给定的各种不同类型的手机进行分类统计，完成表 2-1。

表 2-1　　　　　　　　　　　　手机类型的项目准备单

序号	手机型号	手机品牌	手机运营商	手机网络制式	手机外观结构	手机功能特点	手机操作系统
1							
2							
3							
4							

续表

序号	手机型号	手机品牌	手机运营商	手机网络制式	手机外观结构	手机功能特点	手机操作系统
5							
6							
7							
8							

2.1.3　任务

1）从手机企业品牌角度，对给定的几种不同类型的手机进行分类。

2）从手机网络制式角度，对给定的几种不同类型的手机进行分类。

3）从手机运营商的角度，对给定的几种不同类型的手机进行分类。

4）从手机外观结构角度，对给定的几种不同类型的手机进行分类。

5）从手机功能特点角度，对给定的几种不同类型的手机进行分类。

6）从手机操作系统角度，对给定的几种不同类型的手机进行分类。

2.1.4　行动

【行动要求】

1）采用小组协作法，各小组由组长根据任务进行分工，全体组员共同完成任务单的各项内容。

2）每个小组必须严格遵守任务实施步骤和实验安全操作规范，从不同的角度完成对给定手机的分类。

3）遇到疑难问题先进行小组内部的集体分析讨论，探求解决方案，确实无法解答的可以进行组间讨论或向老师请教，老师做好巡回指导，遇到共性问题及时进行解答。

【行动内容】

行动 1. 剖析手机品牌

根据手机的品牌不同可分为国际品牌手机和国内品牌手机，也可以直接分为苹果、三星、华为、联想、HTC、中兴、酷派、小米、OPPO 等。

行动 2. 剖析手机标准制式

根据手机支持网络的不同可分为全网机和定制机，也可分为 2G 手机、3G 手机、4G 手机和 5G 手机。

行动 3. 剖析手机运营商

（1）中国移动通信

CMCC 的全称为 "China Mobile Communications Corporation"，为中国移动通信集团公司（简称"中国移动"），于 2000 年 4 月 20 日成立，是一家基于 GSM、TD-SCDMA 和 TD-LTE 制式网络的移动通信运营商。中国移动通信集团公司是根据国家关于电信体制改革的部署和要求，在原中国电信移动通信资产总体剥离的基础上组建的国有骨干企业。2000 年 5 月 16 日正式挂牌。中国移动通信集团公司全资拥有中国移动（香港）集团有限公司，由其控股的中国移动有限公司（简称"上市公司"）在国内 31 个省（自治区、直辖市）和香港特别行政区设立全资子公司，并在香港和纽约上市。

（2）中国电信

中国电信集团公司（简称"中国电信"）成立于 2000 年 5 月 17 日，是我国特大型国有通信企业。中国电信作为中国主体电信企业和最大的基础网络运营商，拥有世界第一大固定电话网络，覆盖全国城乡，通达世界各地，成员单位包括遍布全国的 31 个省级企业，在全国范围内经营电信业务。2011 年 3 月 31 日，中国电信天翼移动用户破亿，成为全球最大 CDMA 网络运营商。中国电信集团公司旗下有两大上市公司——中国电信股份有限公司和中国通信服务股份有限公司。2011 年中国电信全面启动"宽带中国·光网城市"工程。

（3）中国联通

中国联合网络通信集团有限公司（China Unicom，简称中国联通）是中国唯一一家在纽约、香港、上海三地同时上市的电信运营企业，于 2009 年 1 月 6 日在原中国网通和原中国联通的基础上合并组建而成。中国联通为世界 500 强企业，拥有覆盖全国、通达世界的通信网络，在国内 31 个省（自治区、直辖市）和境外多个国家和地区设有分支机构，主要经营 GSM、WCDMA 和 FDD-LTE 制式移动网络业务、固定通信业务，国内、国际通信设施服务业务、卫星国际专线业务、数据通信业务、网络接入业务和各类电信增值业务。2009 年 1 月，中国联通获得 WCDMA 制式的 3G 牌照，拥有"沃 3G/沃 4G""沃派""沃家庭"等著名客户品牌。2013 年中国联通启动 4G 设备建网，采购了 TD-LTE 基站；2014 年 3 月 18 日，中国联通宣布启动 4G 的正式商用。

行动 4. 剖析手机外观结构

手机的外观类型主要分为直板式、折叠式（单屏、双屏）、滑盖式、旋转式、侧滑式等几类。

（1）翻盖式

要翻开盖才可见到主显示屏或按键，且只有一个屏幕，这种手机被称为单屏翻盖手机。市场上还推出了双屏翻盖手机，即在翻盖上有另一个副显示屏，这个屏幕通常不大，一般能显示时间、信号、电池、来电号码等。

（2）直板式

直板式手机就是指手机屏幕和按键在同一平面，手机无翻盖，也就是我们常说的直板手机。直板式手机的特点主要是可以直接看到屏幕上所显示的内容。

（3）滑盖式

滑盖式手机主要是指手机要通过抽拉才能见到全部机身。有些机型是通过滑动下盖才能看到按键，而另一些则是通过上拉屏幕部分才能看到键盘。从某种程度上说，滑盖式手机是翻盖式手机的一种延伸及创新。

（4）腕表式

腕表式手机，早期多为简单的小功能程序，但是发展到智能手机阶段，手表式的手机功能更加齐全，如三星的 Galaxy Gear V700。最早的一款国产的手机腕表是 YAMi。

（5）旋转式

旋转式和滑盖式差不多，最主要的是在 180° 旋转后看到键盘。

（6）侧滑式

侧滑式是滑盖式的变种，通过向左或向右推动屏幕露出键盘来进行操作。对于大屏幕触摸式操作的智能机来讲，侧滑大大加快了打字的速度，增强和优化了玩游戏时的体验，使此类智能手机更受欢迎。例如诺基亚 N97 和摩托罗拉 Milestone。

行动5. 剖析手机功能特点

按照手机的功能特点划分，主要分为时尚手机、商务手机、拍照手机和音乐手机。其中拍照手机：像素至少在 200W 以上，带有自动对焦和闪光灯功能；音乐手机：可以播放至少3种格式（MIDI 除外）以上的音频文件，本机内存至少在 128MB 以上，或者支持扩展卡；商务手机：向商务人士提供一系列的基于手机平台的应用程序，比如收发电子邮件、日程表、移动办公等。具体可分为以下类型：

（1）商务手机

商务手机，顾名思义，就是以商务人士或就职于国家机关单位的人士作为目标用户群的手机产品。由于功能强大，商务手机备受青睐。业内专家指出："一部好的商务手机，应该帮助用户既能实现快速而顺畅的沟通，又能高效地完成商务活动。"

（2）影像手机

虽然影像手机是手机的一种，但主要是主打影像功能的手机。世界上第一只相机手机，是由日本的夏普公司在 2000 年 11 月所制造的 J-SH04。这只相机手机不出所料地使用了 CMOS 影像感光模组（简称 CMOS），原因是 CMOS 能够比当时数码相机所用的 CCD 影像感光模组更为省电，让手机的电池不因为加入了相机的使用而快速用尽。

（3）学习手机

学习手机是在手机的基础上增加学习功能，以手机为辅，"学习"为主。学习手机，主要是适用于初中、高中、大学以及留学生使用的专用手机，所拥有的功能必须是集教材、实用教科书学习为一体的全能化教学工具，以"教学"为目标，对学习有着明显的辅助效果；可以随身携带，使用者能够随时进入学习状态，这就是作为学习手机所应有的价值。

（4）老人手机

随着人民健康水平的提高和人口寿命的延长，老年人占人口的比例越来越大。占人口比重近三分之一的老年群体，他们需要属于他们自己的手机，他们对手机的要求大概有手机功能上力求操作简便，显示字体大等特点。

实用功能：大屏幕、大字体、大铃音、大按键、大通话音。

方便生活：专业的软件（可视化、菜单简单、结构清晰明了）、一键拨号、验钞、手电筒、助听器、语音读电话本、读短信、读来电、读拨号。

提高老年人生活品质的功能：外放收音机、京剧戏曲、一键求救（按键后发出高分贝的求救音，并同时向指定号码拨出求救电话、发出求救短信）、日常菜谱（最好可以下载和在线更新）、买菜清单。

（5）儿童手机

儿童手机，是指专门为儿童设计、制造的手机产品。与普通手机相比，儿童手机往往设计卡通化，功能定制化，是为了方便家长联系、监护孩子，专门针对 4～14 岁儿童而研发的。它的设计符合儿童的心理习性与安全教育需要。而普通成人手机带来的辐射超标、电池品质等问题，也成为生产厂家优先面对的问题，已有厂商采用了锂聚合物电池来替代传统的锂电池，并将天线设计在手机下方来降低辐射，有效提高了儿童手机的安全性。但是非必要情况下建议儿童尽量少使用手机，因为儿童本身免疫力不及成人。

（6）炒股手机

炒股手机就是一款安装了软件可以用来炒股的手机，又称炒股机、股票机、股票交易机。炒股手机的屏幕比较大，这样利于股民看实时的数据。炒股手机使用起来简单方便、易携带，所以一般的股民都选择用炒股手机来进行在线交易。

（7）音乐手机

音乐手机，其实就是除了电话的基本功能（打电话，发短信等）外，它更侧重于音乐播放功能。特点是音质好，播放音乐时间持久，有音乐播放快捷键。

（8）电视手机

电视手机是指以手机为终端设备，传输电视内容的一项技术或应用。手机电视业务的实现方式主要有三种：

1）利用蜂窝移动网络实现，如美国的 Sprint、中国的中国移动和中国联通公司已经利用这种方式推出了手机电视业务。

2）利用卫星广播的方式，韩国的运营商计划采用这种方式。

3）在手机中安装数字电视的接收模块，直接接收数字电视信号。

（9）游戏手机

游戏手机，也就是较侧重游戏功能的手机。特点是机身上有专为游戏设置的按键或方便于游戏的按键，屏幕一般也不会小。

（10）高清电影手机

高清电影手机能满足用户随时随地享受高清电影的需求，一般屏幕尺寸较大，分辨率很高，主要侧重于用户的视听感受，同时需要大容量的电池来支持长时间地观看电影。市面上已经出现了多款屏幕分辨率为 HD 级别（1024×768）的大屏手机。

（11）超薄手机

超薄手机特指以超薄机身为卖点的手机。目前的手机在硬件和软件上基本都一致，只是在外观及做工方面有所差异。从 2011 年起，智能手机开始向超薄方向发展，各个厂商都在努力把自己的产品变得更加轻薄以便于携带。超薄手机优点就是相比普通手机，超薄手机由于机身更小、重量更轻使其便于携带，也可以作为随身携带的一个装饰品。超薄机身缺点是不可更换电池，采用完全封闭的电池仓。

（12）平板电脑手机

顾名思义：可以打电话的平板电脑。由于平板电脑的便携性和美观性是所有笔记本电脑无法超越的，而传统概念的智能手机虽然具备电脑的操作系统，但是由于功能和使用上无法达到电脑的程度，在这种环境下，手机平板电脑应运而生，这种平板电脑不但具备手机的所有功能，也具有电脑功能，成了名副其实的可打电话的平板电脑。

（13）智能刷卡手机

智能刷卡手机集成加密芯片和 PSAM 卡，既能实现手机功能，又能实现转账汇款、余额查询、信用卡还款等多项业务功能，所有的交易银行卡密码都采用内置的随机密码键盘输入，有效地防止第三方输入法的安全隐患，安全可靠；通信中的所有数据都采用硬件加密。采用支持 APN 卡点对点无线通道和 PSAM 卡技术，保障使用者资金划转的安全性和保密性，是一款兼备智能手机与金融自助终端进行金融业务处理的高科技产品，使用者可以随时随地处理业务，节约大量时间和精力。

产品特点：

1）它是一部智能手机。

2）支持银行业务和一些便民服务。

3）无须网银便可完成转账支付功能。

4）支持多家银行。

5）所有银联借记卡及信用卡的使用。

6）多重加密，保证安全。

7）简单易操作，方便使用。

行动 6. 剖析手机操作系统

当前应用的手机操作系统主要有 Android、iOS、Firefox OS、BlackBerry、Windows Phone、Symbian、Palm、BADA、Windows Mobile、ubuntu、Sailfish OS，三星 Tizen 等。

（1）安卓

Android 是 Google 于 2007 年 11 月 5 日宣布的基于 Linux 平台的开源手机操作系统，该平台由操作系统、中间件、用户界面和应用软件组成。

Android 一词的本义指"机器人"。Android 的系统架构和其操作系统一样，采用了分层架构。从架构图看，Android 分为四层，从高层到低层分别是应用程序层、应用程序框架层、系统运行库层和 Linux 内核层。

Android 在正式发行之前，最开始拥有两个内部测试版本，并且以著名的机器人名称来对其进行命名。

它们分别是：阿童木（Android Beta），发条机器人（Android 1.0）。

后来由于涉及版权问题，谷歌将其命名规则变更为用甜点作为它们系统版本的代号的命名方法。甜点命名法开始于 Android 1.5 发布的时候。

作为每个版本代表的甜点的尺寸越变越大，然后按照 26 个字母排序：纸杯蛋糕（Android 1.5），甜甜圈（Android 1.6），松饼（Android 2.0/2.1），冻酸奶（Android 2.2），姜饼（Android 2.3），蜂巢（Android 3.0、Android 3.1 和 Android 3.2），冰激凌三明治（Android 4.0），果冻豆（Jelly Bean，Android 4.1、Android 4.2 和 Android 4.3），以及棒棒糖（Android5.0）。用户可通过 ROOT 获得更好的体验。

代表支持生产商：三星、小米、华为、魅族、中兴、摩托罗拉、HTC、LG、索尼。

（2）iOS

iOS 是由苹果公司为 iPhone、iPod touch 以及 iPad 开发的闭源操作系统。就像其基于的 Mac OS X 操作系统一样，它也是以 Darwin 为基础的。原本这个系统名为 iPhone OS，直到 2010 年 6 月 7 日 WWDC 大会上宣布改名为 iOS。iOS 的系统结构分为四个层次：核心操作系统（the Core OS layer），核心服务层（the Core Services layer），媒体层（the Media layer），Cocoa 触摸框架层（the Cocoa Touch layer）。目前已经发展到 iOS 14.4.2。

支持生产商：苹果。

（3）Symbian

Symbian 操作系统是 Symbian 公司为手机设计的操作系统，它包含了联合的数据库、使用者界面架构和公共工具的参考实现，它的前身是 Psion 的 EPOC。2008 年 12 月被诺基亚收购。Symbian 曾经是移动市场使用率最高的操作系统，占有大部分市场份额。但随着 Google 的 Android 系统和苹果 iPhone 火速占据手机系统市场，Symbian 基本已失去手机系统霸主的地位。Symbian 系统的分支很多，主要有早期的 Symbian S80、Symbian S90、Symbian UIQ，和如今仍在使用的 Symbian S60 3rd、Symbian S60 5th、Symbian Anna、Symbian Belle。Symbian 系统已于 2013 年 1 月 24 日正式谢幕，告别历史舞台。最后一款搭载塞班系统的手机是诺基亚 808 pureview。

主要支持生产商：诺基亚，索尼。

（4）Windows Phone

Windows Phone 是微软发布的一款手机操作系统，2010 年 10 月 11 日晚上 9 点 30 分，微软公司正式发布了智能手机操作系统 Windows Phone，同时将谷歌的 Android 和苹果的 iOS 列为主要竞争对手。2012 年 3 月 21 日，Windows Phone 7.5 登陆中国。2012 年 6 月 21 日，微软正式发布最新手机操作系统 Windows Phone 8，Windows Phone 8 采用和 Windows 8 相同的内核，相同的针对移动平台精简优化 NT 内核并内置诺基亚地图。

主要支持生产商：HTC、三星、诺基亚、华为。

（5）Firefox OS

Firefox OS（火狐操作系统）是 Mozilla 公司推出的移动操作系统，它是一款完全开源并免费的移动平台，基于 HTML5 技术。该系统最大的创新在于 HTML5。由于完全遵循 HTML5 标准，应用开发者可以使 HTML5 应用充分发挥设备的硬件性能。

（6）MeeGo

MeeGo 是诺基亚和英特尔联合推出的一个免费手机操作系统，中文昵称米狗，该操作系统可在智能手机、笔记本电脑和电视等多种电子设备上运行，并有助于这些设备实现无缝集成。2009 年，诺基亚宣布放弃 MeeGo，专注于 Windows Phone 平台。

主要支持厂商：诺基亚。

（7）黑莓系统

黑莓 BlackBerry 是美国市场占有率第一的智能手机，这得益于它的制造商 RIM（Research in Motion）较早地进入移动市场并且开发出适应美国市场的邮件系统。大家都知道 BlackBerry 的经典设计就是宽大的屏幕和便于输入的 QWERTY 键盘，所以 BlackBerry 一直是移动电邮的巨无霸。

黑莓机的另一个特色就是内置多款实时通信软件，包括 BlackBerry Messenger、Google Talk 及 Yahoo Messenger，不过只能用英文做沟通，软件仍不支持对中文字体的显示。正因为是正统的商务机，所以它在多媒体播放方面的功能非常孱弱。

（8）Brew MP

Brew Mobile Platform（简称 Brew MP）移动操作系统，为包括入门级智能手机在内的各档次手机提供极具吸引力的用户体验，作为一个改变行业游戏规则的操作系统，Brew MP 帮助运营商、终端制造商和开发商提供差异化服务，并协助他们将最具创意的想法迅速在大众市场得以实现。Brew MP 为大众市场终端带来真正的智能手机体验，为用户提供更多的便利、更高的效率和更好的连接性。

（9）COS

COS系统打破国外在基础软件领域的垄断地位，引领并开发具有中国自主知识产权和中国特色的操作系统。此外，基于开源的操作系统在安全性上存在很多问题，国外公司主导的操作系统存在水土不服的情况，COS的出现将同时解决安全性和易用性两方面的问题。

2.1.5 评估

【评估目标】 你是否具备了进行手机分类的能力？

【评估标准】 如表2-2所示，评估结果用A＋、A、B、C来分别表示优秀、良好、合格、不合格。

表2-2　　　　　　　　　　　　　项目评估用表

评估项目	评估内容	小组自评	教师评估
应知部分	1. 能简要介绍手机的产生过程 2. 知道从哪些角度观察一部手机 3. 能准确表达各种不同类型手机的特点 4. 能详细记录各种不同类型手机的基本信息 5. 能正确填写项目准备单的各项内容		
应会部分	1. 态度端正,团队协作,能积极参与所有行动 2. 主动参与行动,能按时按要求完成各项任务 3. 认真总结,积极发言,能正确解读项目准备单中的问题 4. 规范操作,无设备损坏情况 5. 注重安全,无设备丢失情况		
学生签名：	教师签名：	评价日期：　年　月　日	

【课后习题】

1）总结不同类型手机的分类标准。

2）简述如何观察和记录一部手机的基本信息。

3）简述如何区分不同品牌的不同类型手机。

【注意事项】

1）在观察手机基本信息的过程中，应注意操作规范，安全保管，不损坏不丢失设备。

2）在记录手机基本信息的过程中，应注意运用比较和对比的方法，总结规律。

项目2.2 拆装工具

2.2.1 目标

1）熟悉手机常用拆装、维修工具及用途。

2）掌握拆装、维修工具使用方法及拆焊、焊接技巧。

3）手机拆装的一般步骤及注意事项。

2.2.2 准备

【必备知识】

手机的拆装、修理工作必须借助一些常用的工具和检查用的仪表，否则有再好的拆装、修理技巧也无能为力。下面简要介绍拆装维修手机需配备的常用拆装、维修工具（图 2-1）和仪器、仪表。

（1）拆装工具

1）螺丝刀：六角螺丝刀，常用型号有 T5 和 T6 两种、中小号十字螺丝刀一套、中小号的一字螺丝刀一套，用以松开或拧紧各类小螺丝，陶瓷螺丝刀用于调整音频电感磁芯及可变电容。

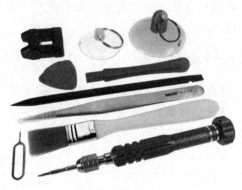

图 2-1　常用工具

2）镊子：性能较好的直把或弯把镊子。

3）植锡板：带多种型号芯片的 A、B 型多用植锡板。

（2）焊接工具

1）热风枪是手机维修工作中不可缺少的工具，实物如图 2-2 所示，用于对无引线多脚集成电路和片状阻容元件的脱焊，也经常用于吹焊集成电路引脚虚焊、粘连等故障。

图 2-2　热风枪

【知识链接】

拆焊前的准备工作：

① 烙铁、手机维修工作台应良好接地。

② 根据集成电路的引脚排列及拆焊元件的外形选好热风枪的喷头。

③ 调整热风枪的热量和风速。拆焊集成电路时，热量开关一般调在 4～6 挡，风速开关调至 2～3 挡；拆卸小型电子元件时，风速开关调至 2 挡以内，风力不能调得太强，否则容易将小元件吹掉。

拆焊操作技巧：

① 拆焊前记住集成电路的定位情况，可用铅笔将集成电路四周做好标记，以便焊接时恢复到原来的位置。

② 用棉花沾松香水涂抹在拆焊集成电路的引脚周围。

③ 当热风枪的温度达到一定程度时，把热风枪的喷头置于拆焊元件上方大概 2mm 的位置，并注意使喷头与集成电路保持垂直，吹焊的位置要准确。

④ 待拆焊元件的引脚焊锡完全熔化后，用镊子将拆焊元件小心镊起。在焊锡还未熔化时，切不可用力分离拆卸元件，否则极易引起电路板铜箔脱落。

焊接操作技巧：

① 将电路板的拆焊点用烙铁整理平整，对焊锡较少的焊点应适当补锡。然后，用无

水酒精清洁焊点周围的杂质。

② 将更换的集成电路与电路板上的焊接点对准，先焊集成电路的四个边脚，将元件位置固定，再用放大镜进行观察，调整到集成电路与电路板的焊点完全对正。

③ 用热风枪吹焊集成电路的引脚，焊好后必须将集成电路固定片刻，未冷却前不可去动集成电路，以免产生移位。

④ 冷却后，用放大镜仔细检查集成电路的引脚有无虚焊或粘焊短路。可用尖头电烙铁对不良焊点进行修补，直至焊接达到工艺要求。

2）温控电烙铁如图2-3所示。由于手机的元部件焊点密集，要求烙铁头比较尖，用于焊接和拆除元器件时使用。

3）手机测试卡。用于快速解开手机的话机锁及保密码，摩托罗拉手机测试卡如图2-4所示。

图2-3 温控电烙铁

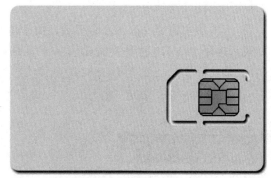

图2-4 手机测试卡

4）预备一个吹烫头发的热吹风用以处理受潮或进水的手机。

5）无水酒精一瓶用以清洗电路板、按键板及相关开关触点的脏污。

6）应准备一些容易损坏的元部件，例如晶体管、功放集成电路、显示屏、送话器、受话器及橡胶键钮等结构件。

7）放大灯。一般用于照明和查看较小元件。

（3）专用维修仪器

要提高检修效率，维修手机必须备有以下几种常用的仪器：

1）高内阻的机械万用表及数字电压表，如图2-5所示，用于对电路板的电压、电流、电阻及相关参数的测量。

2）直流稳压电源为手机外部供电工作，并利用稳压电源本身的电流表可随时监测工作电流，手机维修一般选用电压0～20V可调，输出电流2A的稳压电源。直流稳压电源主要有指针式和数字式两种显示方式，如图2-6所示。

3）射频毫伏表用于测量高频信号的强度。手机维修一般选用频带为100kHz～1000MHz射频毫伏表，可测试手机的基带信号、时钟信号、接收和发射中频、本振信号、接收电路和发射电路的射频信号。

4）数字频率计实物照片如图2-7所示。它具有测频、测周期、测晶振、计数功能，通常用来测量信号的频率，进行信号跟踪测试，有助于判断相应的电路是否正常工作。可测试手机的基带信号、时钟信号、接收和发射中频、本振信号、收发射频信号的频率值，

图 2-5　万用表

图 2-6　直流稳压电源

并通过读取被测信号的频率来判断信号的正常与否，从而确定故障的具体部位。手机维修可选用 2.4GHz 的频率计。

5）示波器实物照片如图 2-8 所示，用于电路板上的信号波形的测试及直流电压的测量，通常选用 20MHz 的示波器能满足手机维修的要求，可测量接收/发射的基带信号、13MHz 时钟信号，也可测试 GSM 手机接收、发射的时分多址突发脉冲。

图 2-7　数字频率计

图 2-8　示波器

6）手机编程器及个人计算机：用于对手机的存储器进行软件重写和程序处理。通用的手机编程器外形如图 2-9 所示。

7）无线通信综合测试仪：如 R-2600，HP-8920A 等，用以测试频率、频谱等参数。

8）超声波清洗仪：彻底清洗主板和被腐蚀的元件。

9）频谱仪：测试手机接收发射信号。

10）拆机软件维修仪：用于可以拆机写资料的手机。

11）免拆机软件维修仪：用于可以免拆机写资料的手机。

图 2-9　手机编程器

（4）辅助维修工具

1）助焊剂：弱酸性，对电路板腐蚀性较小的助焊剂，如较好的焊宝，或自制 70% 松香和 30% 天那水混合的松香水。

2）天那水：不含苯的天那水，用于清洗主板和元件。

3）脱脂棉：用于擦洗主板和芯片。

4）锡浆膏：用于芯片的植锡。

5）吸锡带：用于吸收引脚较近部位多余的焊锡，防止短路。

6）固定台：用于固定主板，便于拆卸和安装芯片。

7）绿油：用于芯片掉点飞线时绝缘。

8）绝缘线：选线径较细的绝缘铜线，用于断线的飞线。

9）手术刀：医院做手术用的手术刀，用于刮绝缘层和切割飞线。

10）焊锡丝：选用含锡量高带松香的空心焊丝。

11）标签纸：用于张贴手机外壳，记录顾客姓名和故障的内容。

12）玻璃瓶：通常选用一个装天那水、一个装松香水与一个放用过的棉球等废物的玻璃水杯用胶带缠在一起，一来美观好看，二来不容易倒，不会使天那水流失；或选用专用密封带吸管的天那水瓶。

13）双面胶：用于粘贴固定屏面等，可以用业余时间学习元器件。

14）刷子：用于刷洗电路板和元器件。

15）剪口钳：用于剪断元件引脚和导线。

16）防静电存储柜：用以存放易受静电感应击穿的元器件。

17）屏蔽室：对外界干扰的衰减大于 70dB，用于示波器测量时消除外界的干扰波。

18）电脑：一般配置即可，用于下载软件资料、歌曲、写软件使用。

19）维修专用放大镜台灯：如图 2-10 所示，提供维修者大面积、无阴影的全方位照明，并可调节多种照明角度，让维修工作更得心应手。

20）专用接地线：为仪表、手机及人体接地。

21）一部有线电话：便于进行实际通话测试，手机的接插件电缆及数据连接线。

图 2-10　放大镜台灯

【器材准备】

① 上述常用拆装工具、焊接工具和备用材料；② 上述各种检修仪器。

【项目准备】

表 2-3　　　　　　　常用工具和检修仪器的识别与使用方法——项目准备单

序号	具体内容	要点记录
1	图形符号	
2	单位换算	
3	基本作用	
4	连接方式	
5	类型	
6	外形颜色	
7	标识方法	
8	测试方法	

2.2.3 任务

1）用万用表、直流稳压电源、数字频率计、示波器等检测手机电路主板及元器件。

2）用热风枪及配套工具按照步骤拆装、焊接元器件。

2.2.4 行动

【行动要求】

1）采用小组协作法，各小组由组长根据任务进行分工，全体组员共同完成任务单的各项内容。

2）每个小组必须严格遵守任务实施步骤和实验安全操作规范，认真完成元器件的识别与参数测量。

3）遇到疑难问题先进行小组内部的集体分析讨论，探求解决方案，确实无法解答的可以进行组间讨论或向老师请教，老师做好巡回指导，遇到共性问题及时进行解答。

【行动内容】

提供给定的手机电路板或其他有贴片元器件的电路板（如电脑主板等），在手机电路板等设备中用拆焊工具及仪器仪表进行识别与使用，将使用要点填写到表 2-4。

表 2-4　　　　　　常用拆焊工具及仪器仪表的识别与使用要点记录表

序号	具体内容	要点记录
1	螺丝刀	
2	镊子	
3	植锡板	
4	助焊剂	
5	天那水	
6	脱脂棉	
7	锡浆膏	
8	吸锡带	
9	固定台	
10	绿油	
11	绝缘线	
12	手术刀	
13	焊锡丝	
14	标签纸	
15	玻璃瓶	
16	双面胶	
17	刷子	
18	剪口钳	
19	防静电存储柜	

续表

序号	具体内容	要点记录
20	屏蔽室	
21	电脑	
22	温控电烙铁	
23	热风枪	
24	维修专用放大镜台灯	
25	专用接地线	
26	数据连接线	
27	手机测试卡	
28	吹风机	
29	无水酒精	
30	放大灯	
31	直流稳压电源	
32	射频毫伏表	
33	数字频率计	
34	示波器	
35	无线通信综合测试仪	
36	超声波清洗仪	
37	频谱仪	
38	拆机软件维修仪	
39	免拆机软件维修仪	

2.2.5 评估

【评估目标】 你是否具备了掌握与运用多种常用工具的能力?

【评估标准】 如表 2-5 所示,评估结果用 A+、A、B、C 来分别表示优秀、良好、合格、不合格。

表 2-5 项目评估用表

评估项目	评估内容	小组自评	教师评估
应知部分	1. 能正确分析并判断常用工具质量的好坏 2. 能熟练分析并判断手机拆装、焊接仪器仪表质量的好坏 3. 小组学习分工明确,合作精神好且能正确填写实训报告		
应会部分	1. 态度端正,团队协作,能积极参与所有行动 2. 主动参与行动,能按时按要求完成各项任务 3. 认真总结,积极发言,能正确解读项目准备单中的问题		
学生签名:	教师签名:	评价日期: 年 月 日	

【课后习题】

1）总结常用拆焊工具及仪器仪表的识别与使用方法。

2）简述拆装、焊接的操作方法及注意事项。

【注意事项】

1）根据拆焊情况正确选择常用工具。

2）在选择使用仪器仪表测量时，选择正确挡位。

项目 2.3 功能手机的拆装

2.3.1 直板式功能机的拆装

2.3.1.1 目标

1）熟悉各种拆机专用工器具的使用方法。

2）掌握直板式功能手机的拆装步骤。

3）了解常见功能手机主要构成。

2.3.1.2 准备

【必备知识】

（1）直板式功能手机的机械结构类型

（2）手机结构的构成

（3）拆装手机的工具选择

1）各种类型的螺丝刀：一字螺钉旋具、十字螺钉旋具、T3 螺钉旋具、T5 螺钉旋具、T6 螺钉旋具、T7 螺钉旋具、T8 螺钉旋具，选择螺丝刀套装。

2）拆机工具：撬机片、撬机棒等。

3）其他辅助工具：镊子、撬具、刀片、热风枪、88 型天线螺钉旋具等。

（4）手机的拆装步骤

1）仔细观察手机的外观和结构特点，观察有无损伤，询问有无故障，有无维修记录。

2）开机试机，检查手机能否正常工作，有无故障现象，记录好必要信息。

3）选择合适的拆机工具，重点注意选择螺丝刀的型号。

4）关机，按照操作要领拆开手机，顺序摆放好各个元器件，螺丝钉统一放置。

5）熟悉电路板上的主要元器件及安装位置。

6）按照操作要领组装手机，注意各部分的组装顺序，不要遗忘各种小元件、螺丝钉等。

7）开机试机，检查手机能否正常工作，有无故障现象。

（5）模拟操作拆装手机时的注意事项

1）养成良好的维修习惯，一定要认真观察手机的外形结构，询问有无故障，做好相关记录，试机成功并关机后，再动手操作。

2）操作过程要注意观察，记住每一步骤的先后顺序。

3）在拆装元件或螺丝时，动作要胆大心细，掌握好力度，带螺钉的要防止螺钉滑丝，否则既拆不开，又装不上；带卡扣的要防止硬撬，以免损坏卡扣，不能重装复原。

4）拆卸下的元器件要妥善保存，依次放好，存放在专用元器件盒内，切勿乱丢，以免丢失，不能复原，导致最后装机时漏装或错装。

5）显示屏为易损元件，拆装时要十分小心，以免损坏显示屏和灯板以及连接显示屏到主板的软连接带。尤其注意显示屏上的软连线，不能折叠，对于显示屏要轻取轻放，不能用力过大，不要用风枪吹屏幕，也不能用清洗液清洗屏幕，否则屏幕将不显示。

6）特殊机型进行特殊处理，重装前板与主板无屏蔽罩的手机时，切莫遗忘安装挡板，以免手机加电时前后板元件短路，损坏手机。

7）防静电干扰。操作时，工作台要垫上防静电的垫子。工作人员要佩戴好防静电手腕，要求接地良好，以免因静电而损坏电路。

【器材准备】

①螺丝刀；②镊子；③撬棒；④热风枪；⑤拨片；⑥卡片；⑦卡针；⑧吸盘；⑨磁铁；⑩刀片。

【项目准备】

表 2-6 　　　　　　　　　　　　直板式功能手机拆装的项目准备单

序号	拆装部分名称	型号	先后顺序
1	卡托、SIM 卡		
2	拆卸螺丝		
3	分离前后机壳		
4	取出手机主板、部件		

2.3.1.3 任务

1）利用拆装工具按要求拆开直板式功能手机，并分类摆放好。

2）利用工具按要求安装直板式功能手机。

2.3.1.4 行动

【行动要求】

1）采用小组协作法，各小组由组长根据任务进行分工，全体组员共同完成任务单的各项内容。

2）每个小组必须严格遵守任务实施步骤和实验安全操作规范，完成后盖一体式智能机的拆装。

3）遇到疑难问题先进行小组内部的集体分析讨论，探求解决方案，确实无法解答的可以进行组间讨论或向老师请教，老师做好巡回指导，遇到共性问题及时进行解答。

【行动内容】

以诺基亚 8110 功能手机为例讲授和示范拆装步骤。

1）仔细观察诺基亚 8110 手机外形，如图 2-11 所示。

2）在对手机进行拆机前，需要检查手机的屏幕是否损坏、能否正常开机等情况并做好相应的手机故障记录。

3）拆卸后盖，用撬棒轻轻插入后盖缝隙中撬动后盖，使得后盖卡扣松脱，如图 2-12 所示。

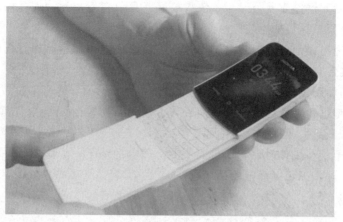

图 2-11　诺基亚 8110 手机外形

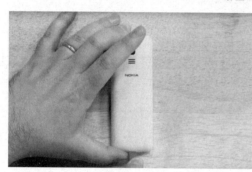

图 2-12　拆卸后盖

4）取掉电池和后壳，首先将可拆卸电池取下，如图 2-13 所示。再用螺丝刀将后壳上的固定螺丝拧下，如图 2-14 所示。用手将后壳取下后，可看见主板，如图 2-15 所示。

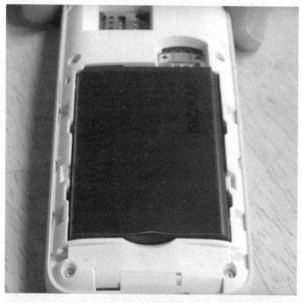

图 2-13　拆卸电池

图 2-14 取下后壳螺钉

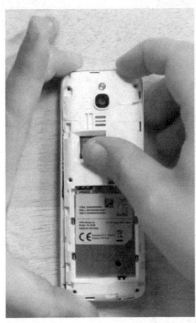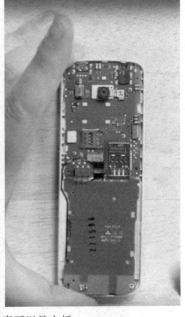

图 2-15 取下后壳可以见主板

5）主板拆解，首先将天线连接线从主板上取下，再将主板上的屏幕排线、键盘排线和摄像头排线依次从主板上撬下，再用镊子夹住主板一端将主板取下，如图 2-16 所示。

6）键盘副板拆除，用镊子取下副板，如图 2-17 所示。

7）拆卸屏幕，用热风枪或者电吹风对屏幕盖板边缘进行加热，让屏幕盖板边缘的胶软化，用吸盘将盖板拉出缝隙，将拆机片插入缝隙中划动，分离屏幕盖板与机框，再用镊子将手机屏幕取下，如图 2-18 所示。

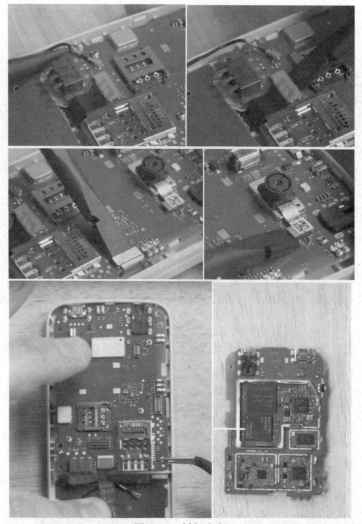

图 2-16　拆卸主板

图 2-17　拆除键盘副板

图 2-18　拆卸屏幕

8）拆机全家福，如图 2-19 所示。

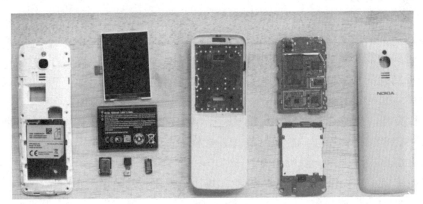

图 2-19　拆机全家福图

2.3.1.5　评估

【评估目标】　你是否具备了后盖一体式智能机的拆装机能力？

【评估标准】　如表 2-7 所示，评估结果用 A＋、A、B、C 来分别表示优秀、良好、合格、不合格。

表 2-7 　　　　　　　　　　　　项目评估用表

评估项目	评估内容	小组自评	教师评估
应知部分	1. 能正确使用拆机工具 2. 能正确无损地拆开手机 3. 能正确无损地将手机安装好 4. 注意手机元件的放置,不要丢失 5. 能正确填写项目准备单的各项内容 6. 安全无事故、不损坏手机		
应会部分	1. 态度端正,团队协作,能积极参与所有行动 2. 主动参与行动,能按时按要求完成各项任务 3. 认真总结,积极发言,能正确解读项目准备单中的问题		
学生签名:	教师签名:	评价日期: 　年　　月　　日	

【课后习题】

1) 简述直板式功能机的拆机主要步骤。

2) 直板式功能机的拆装要点有哪些。

【注意事项】

1) 拆装过程中的防静电措施。

2) 拆装工具的安全使用。

3) 零部件的分类归纳。

2.3.2 翻盖式功能机的拆装

2.3.2.1 目标

1) 熟悉各种拆机专用工器具的使用方法。

2) 掌握翻盖功能手机的拆装步骤。

3) 了解常见功能手机主要构成。

2.3.2.2 准备

【必备知识】

1) 翻盖式功能手机的机械结构类型。

2) 手机结构的构成。

3) 拆装手机的工具选择。

① 各种类型的螺丝刀:一字螺钉旋具、十字螺钉旋具、T3 螺钉旋具、T5 螺钉旋具、T6 螺钉旋具、T7 螺钉旋具、T8 螺钉旋具,选择螺丝刀套装。

② 拆机工具:撬机片、撬机棒等。

③ 其他辅助工具:镊子、撬具、刀片、热风枪、88 型天线螺钉旋具等。

4) 手机的拆装步骤。

① 仔细观察手机的外观和结构特点,观察有无损伤,询问有无故障,有无维修记录。

② 开机试机,检查手机能否正常工作,有无故障现象,记录好必要信息。

③ 选择合适的拆机工具,重点注意选择螺丝刀的型号。

④ 关机,按照操作要领拆开手机,顺序摆放好各个元器件,螺丝钉统一放置。

⑤ 熟悉电路板上的主要元器件及安装位置。

⑥ 按照操作要领组装手机，注意各部分的组装顺序，不要遗忘各种小元件、螺丝钉等。

⑦ 开机试机，检查手机能否正常工作，有无故障现象。

5）模拟操作拆装手机时的注意事项。

① 养成良好的维修习惯，一定要认真观察手机的外形结构，询问有无故障，做好相关记录，试机成功并关机后，再动手操作。

② 操作过程要注意观察，记住每一步骤的先后顺序。

③ 在拆装元件或螺丝时，动作要胆大心细，掌握好力度，带螺钉的要防止螺钉滑丝，否则既拆不开，又装不上；带卡扣的要防止硬撬，以免损坏卡扣，不能重装复原。

④ 拆卸下的元器件要妥善保存，依次放好，存放在专用元器件盒内，切勿乱丢，以免丢失不能复原，导致最后装机时漏装或错装。

⑤ 显示屏为易损元件，拆装时要十分小心，以免损坏显示屏和灯板以及连接显示屏到主板的软连接带。尤其注意显示屏上的软连线，不能折叠，对于显示屏要轻取轻放，不能用力过大，不要用风枪吹屏幕，也不能用清洗液清洗屏幕，否则屏幕将不显示。

⑥ 特殊机型进行特殊处理，重装前板与主板无屏蔽罩的手机时，切莫遗忘安装挡板，以免手机加电时前后板元件短路，损坏手机。

⑦ 防静电干扰。操作时，工作台要垫上防静电的垫子。工作人员要佩戴好防静电手腕，要求接地良好，以免因静电而损坏电路。

【器材准备】

①螺丝刀；②镊子；③撬棒；④热风枪；⑤拨片；⑥卡片；⑦卡针；⑧吸盘；⑨磁铁；⑩刀片。

【项目准备】

表 2-8 直板式功能手机的拆装的项目准备单

序号	拆装部分名称	型号	先后顺序
1	卡托、SIM 卡		
2	拆卸螺丝		
3	分离前后机壳		
4	取出手机主板、部件		

2.3.2.3 任务

1）利用拆装工具按要求拆开翻盖式功能手机，并分类摆放好。

2）利用工具按要求安装翻盖式功能手机。

2.3.2.4 行动

【行动要求】

1）采用小组协作法，各小组由组长根据任务进行分工，全体组员共同完成任务单的各项内容。

2）每个小组必须严格遵守任务实施步骤和实验安全操作规范，完成翻盖式智能机的拆装。

3）遇到疑难问题先进行小组内部的集体分析讨论，探求解决方案，确实无法解答的可以进行组间讨论或向老师请教，老师做好巡回指导，遇到共性问题及时进行解答。

【行动内容】

1）金属外壳的 V3 同样采用了最为牢固及在拆卸时较为方便的螺丝方式来将其外壳牢固地锁在一起。把 V3 的电池拆下，拧下两颗固定后盖的螺丝，将后盖打开，然后根据连接排线的位置将其向右侧反转，这时大家便可以看到 V3 的主板，小心地拆下机身与主板相连的排线便可以把主板拆下，如图 2-20 所示。

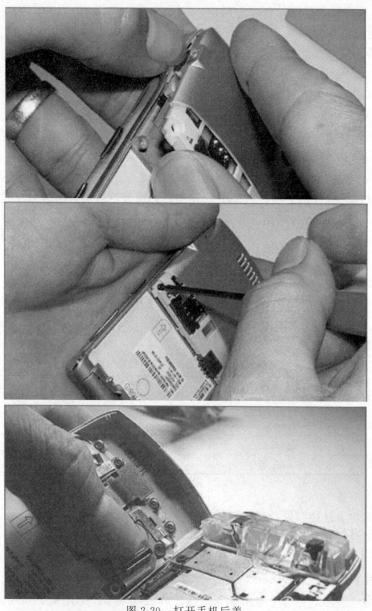

图 2-20　打开手机后盖

2）拆下后的主板与机身后盖结合在一起，将其分开后我们可以看到主板在电路的设计及制造的集成度上均十分高，整台手机的处理芯片均集中在这小小的方寸之间，在电路板的选择上也采用了纤薄的 4 层 PCB 板，为 V3 的超薄提供了有利的条件。为了各芯片之间互不干扰，在芯片上均焊接上了屏蔽罩，如图 2-21 所示。

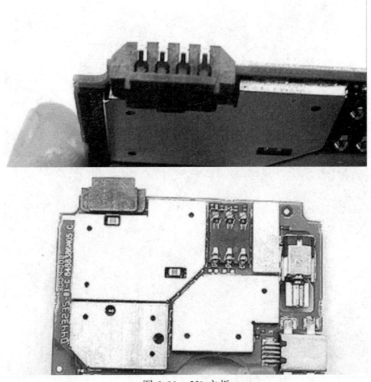

图 2-21　V3 主板

3）V3 的扬声器固定在机身的后盖，通过触点的接触方式与主板相连且紧密地结合在一起，再加上透明的共振腔以及位于手机的边缘部位，如图 2-22 所示。

图 2-22　手机扬声器和声腔

4）接着要拆的便是金属键盘，用镊子小心地将金属键盘固定在机身上的金属片撬起往外推，薄如纸片的金属键盘便从机身上拆下，如图 2-23 所示。

5）接着将手机再度反转，用螺丝刀拧下固定屏幕的四颗螺丝，然后将翻盖合上，全金属的上盖即可取下放置于一边，V3 的外屏及屏幕的控制电路裸露在大家的眼前，屏幕的控制电路通过一条排线与主板相连，撬开压扣式的接口以方便主板取下，如图 2-24 所示。

6）相信大家都看到 V3 的那个超薄的摄像头，利用刀口较钝的小刀将其与屏幕控制电路上的排线卸掉，用镊子便可以将摄像头取下，如图 2-25 所示。

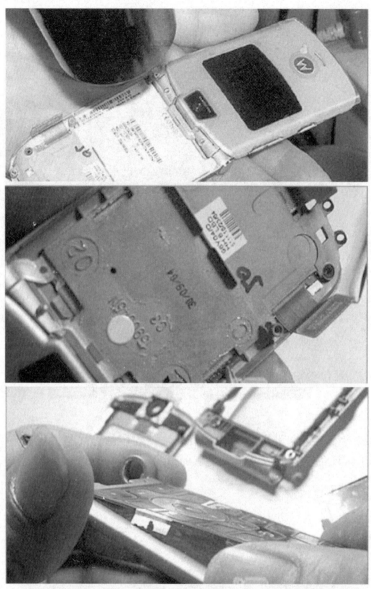

图 2-23　取金属键盘

图 2-24　取屏幕盖板

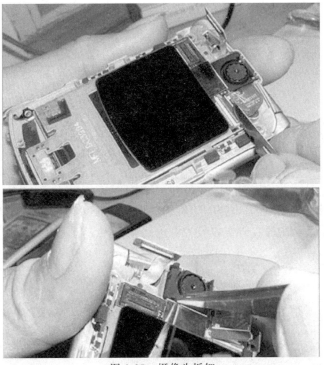

图 2-25　摄像头拆卸

7）屏幕与主板相连的排线撬开后我们接下来便是把上翻盖与下翻盖分离。在机身的转轴位置有两颗螺丝，拧下后即可由两侧拆开转轴的固定装置，然后上盖与屏幕电路也就随之与机身分离开了，与主板相连的排线穿过转轴连接键盘与主板，如图 2-26 所示。

图 2-26　转轴拆卸

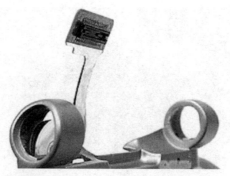

图 2-26　转轴拆卸（续）

8）小心地用镊子撬开屏幕电路与上翻盖的固定点便可把这个结合程度极高的屏幕拆下，如此轻薄的上盖将主屏、外屏以及控制电路压合在一起，如图 2-27 所示。

图 2-27　V3 屏幕

2.3.2.5　评估

【评估目标】　你是否具备了功能手机的拆装机能力？

【评估标准】　如表 2-9 所示，评估结果用 A＋、A、B、C 来分别表示优秀、良好、合格、不合格。

表 2-9　　　　　　　　　　　　　　　　　项目评估用表

评估项目	评估内容	小组自评	教师评估
应知部分	1. 能正确使用拆机工具 2. 能正确无损地拆开手机 3. 能正确无损地将手机安装好 4. 注意手机元件的放置，不要丢失 5. 能正确填写项目准备单的各项内容 6. 安全无事故、不损坏手机		
应会部分	1. 态度端正，团队协作，能积极参与所有行动 2. 主动参与行动，能按时按要求完成各项任务 3. 认真总结，积极发言，能正确解读项目准备单中的问题		
学生签名：	教师签名：	评价日期：　　年　　月　　日	

【课后习题】

1）简述翻盖式功能手机拆机的主要步骤。

2）翻盖式功能手机拆机要点有哪些。

【注意事项】

1）拆装过程中防静电措施。

2）拆装工具的安全使用。

3）零部件的分类归纳。

项目2.4　智能手机的拆装

2.4.1　后盖一体式智能机的拆装

扫码观看

教学视频

2.4.1.1　目标

1）熟悉各种拆机专用工器具的使用方法。

2）掌握后盖一体式智能机的拆装步骤。

3）了解智能手机的主要构成。

2.4.1.2　准备

【必备知识】

1）后盖一体式智能机的机械结构类型。

2）手机结构的构成。

3）拆装手机的工具选择。

① 各种类型的螺丝刀：一字螺钉旋具、十字螺钉旋具、T3 螺钉旋具、T5 螺钉旋具、T6 螺钉旋具、T7 螺钉旋具、T8 螺钉旋具，选择螺丝刀套装。

② 拆机工具：撬机片、撬机棒等。

③ 其他辅助工具：镊子、撬具、刀片、热风枪、88 型天线螺钉旋具等。

4）手机的拆装步骤。

① 仔细观察手机的外观和结构特点，观察有无损伤，询问有无故障，有无维修记录。

② 开机试机，检查手机能否正常工作，有无故障现象，记录好必要信息。

③ 选择合适的拆机工具，重点注意选择螺丝刀的型号。

④ 关机，按照操作要领拆开手机，顺序摆放好各个元器件，螺丝钉统一放置。

⑤ 熟悉电路板上的主要元器件及安装位置。

⑥ 按照操作要领组装手机，注意各部分的组装顺序，不要遗忘各种小元件、螺丝钉等。

⑦ 开机试机，检查手机能否正常工作，有无故障现象。

5）模拟操作拆装手机时的注意事项。

① 养成良好的维修习惯，一定要认真观察手机的外形结构，询问有无故障，做好相关记录，试机成功并关机后，再动手操作。

② 操作过程要注意观察，记住每一步骤的先后顺序。

③ 在拆装元件或螺丝时，动作要胆大心细，掌握好力度，带螺钉的要防止螺钉滑丝，否则既拆不开，又装不上；带卡扣的要防止硬撬，以免损坏卡扣，不能重装复原。

④ 拆卸下的元器件要妥善保存，依次放好，存放在专用元器件盒内，切勿乱丢，以

免丢失，不能复原，导致最后装机时漏装或错装。

⑤ 显示屏为易损元件，拆装时要十分小心，以免损坏显示屏和灯板以及连接显示屏到主板的软连接带。尤其注意显示屏上的软连线，不能折叠，对于显示屏轻取轻放，不能用力过大，不要用风枪吹屏幕，也不能用清洗液清洗屏幕，否则屏幕将不显示。

⑥ 特殊机型进行特殊处理，重装前板与主板无屏蔽罩的手机时，切莫遗忘安装挡板，以免手机加电时前后板元件短路，损坏手机。

⑦ 防静电干扰。操作时，工作台要垫上防静电的垫子。工作人员要佩戴好防静电手腕，要求接地良好，以免因静电而损坏电路。

【器材准备】

①螺丝刀；②镊子；③撬棒；④热风枪；⑤拨片；⑥卡片；⑦卡针；⑧吸盘；⑨磁铁；⑩刀片。

【项目准备】

表 2-10　　　　　　　　　　　后盖一体式智能手机的拆装项目准备单

序号	拆装部分名称	型号	先后顺序
1	卡托、SIM 卡		
2	拆卸螺丝		
3	分离前后机壳		
4	取出手机主板、部件		

2.4.1.3　任务

1）利用拆装工具按要求拆开智能手机，并分类摆放好。

2）利用工具按要求安装智能手机。

2.4.1.4　行动

【行动要求】

1）采用小组协作法，各小组由组长根据任务进行分工，全体组员共同完成任务单的各项内容。

2）每个小组必须严格遵守任务实施步骤和实验安全操作规范，完成后盖一体式智能机的拆装。

3）遇到疑难问题先进行小组内部的集体分析讨论，探求解决方案，确实无法解答的可以进行组间讨论或向老师请教，老师做好巡回指导，遇到共性问题及时进行解答。

【行动内容】

以 iPhone X 智能手机为例讲授和示范拆装步骤。

1）仔细观察苹果 iPhone X 手机外形，如图 2-28 所示。

2）在对手机进行拆机前，需要检查手机的屏幕是否损坏、能否

图 2-28　iPhone X 手机外形

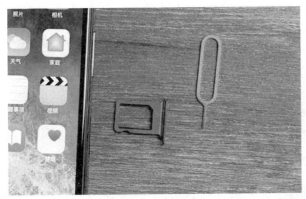

图 2-29　取下卡托

正常开机等情况并做好相应的手机故障记录，记录好后将手机关机并用卡针取出机身的 SIM 卡托，如图 2-29 所示。

3）SIM 卡托取下后，首先用螺丝刀将底部螺丝取下，再用热风枪对屏幕四周边缘加热，使内部的粘胶熔化，利用吸盘和塑料薄片将主板和屏幕分开，在分开的过程中，注意用力，防止损坏内部的排线等，如图 2-30 所示。

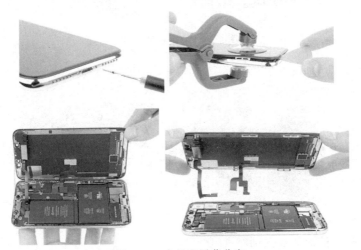

图 2-30　主板和屏幕分离

4）紧接着将主板上的螺丝拧开，取下主摄像头和主板，如图 2-31 所示。

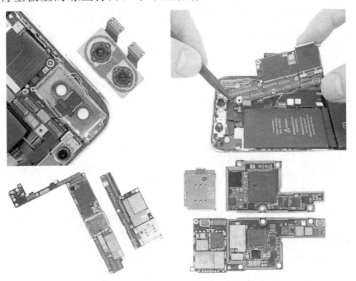

图 2-31　取出主板

5）再将手机的电池、前置摄像头等其他部件取下，如图 2-32 所示。

图 2-32　取出各种部件

6）拆机全家福，如图 2-33 所示。

图 2-33　全家福

7）装机，按照前面的步骤倒序进行。

8）开机，试机，检查有无故障，装机结束。

2.4.1.5　评估

【评估目标】　你是否具备了后盖一体式智能机的拆装机能力？

【评估标准】　如表 2-11 所示，评估结果用 A＋、A、B、C 来分别表示优秀、良好、合格、不合格。

表 2-11　　　　　　　　　　　　　　　　项目评估用表

评估项目	评估内容	小组自评	教师评估
应知部分	1. 能正确使用拆机工具 2. 能正确无损地拆开手机 3. 能正确无损地将手机安装好 4. 注意手机元件的放置，不要丢失 5. 能正确填写项目准备单的各项内容 6. 安全无事故、不损坏手机		
应会部分	1. 态度端正，团队协作，能积极参与所有行动 2. 主动参与行动，能按时要求完成各项任务 3. 认真总结，积极发言，能正确解读项目准备单中的问题		
学生签名：	教师签名：	评价日期：　　年　　月　　日	

【课后习题】

1）简述后盖一体式智能机的拆机主要步骤。

2）后盖一体式智能机的拆装要点有哪些？

【注意事项】

1）拆装过程中防静电措施。

2）拆装工具的安全使用。

3）零部件的分类归纳。

2.4.2 后盖中框分离式智能机的拆装

2.4.2.1 目标

1）熟悉各种拆机专用工器具的使用方法。

2）掌握后盖中框分离式智能机拆装步骤。

3）了解智能手机主要构成。

2.4.2.2 准备

【必备知识】

1）后盖中框分离式智能机的机械结构类型。

2）手机结构的构成。

3）拆装手机的工具选择。

① 各种类型的螺丝刀：一字螺钉旋具、十字螺钉旋具、T3 螺钉旋具、T5 螺钉旋具、T6 螺钉旋具、T7 螺钉旋具、T8 螺钉旋具，选择螺丝刀套装。

② 拆机工具：撬机片、撬机棒等。

③ 其他辅助工具：镊子、撬具、刀片、热风枪、88 型天线螺钉旋具等。

4）手机的拆装步骤。

① 仔细观察手机的外观和结构特点，观察有无损伤，询问有无故障，有无维修记录。

② 开机试机，检查手机能否正常工作，有无故障现象，记录好必要信息。

③ 选择合适的拆机工具，重点注意选择螺丝刀的型号。

④ 关机，按照操作要领拆开手机，顺序摆放好各个元器件，螺丝钉统一放置。

⑤ 熟悉电路板上的主要元器件及安装位置。

⑥ 按照操作要领组装手机，注意各部分的组装顺序，不要遗忘各种小元件、螺丝钉等。

⑦ 开机试机，检查手机能否正常工作，有无故障现象。

5）模拟操作拆装手机时的注意事项。

① 养成良好的维修习惯，一定要认真观察手机的外形结构，询问有无故障，做好相关记录，试机成功并关机后，再动手操作。

② 操作过程要注意观察，记住每一步的先后顺序。

③ 在拆装元件或螺丝时，动作要胆大心细，掌握好力度，带螺钉的要防止螺钉滑丝，否则既拆不开，又装不上；带卡扣的要防止硬撬，以免损坏卡扣，不能重装复原。

④ 拆卸下的元器件要妥善保存，依次放好，存放在专用元器件盒内，切勿乱丢，以免丢失，不能复原，导致最后装机时漏装或错装。

⑤ 显示屏为易损元件，拆装时要十分小心，以免损坏显示屏和灯板以及连接显示屏

到主板的软连接带。尤其注意显示屏上的软连线，不能折叠，对于显示屏轻取轻放，不能用力过大，不要用风枪吹屏幕，也不能用清洗液清洗屏幕，否则屏幕将不显示。

⑥ 特殊机型进行特殊处理，重装前板与主板无屏蔽罩的手机时，切莫遗忘安装挡板，以免手机加电时前后板元件短路，损坏手机。

⑦ 防静电干扰。操作时，工作台要垫上防静电的垫子。工作人员要佩戴好防静电手腕，要求接地良好，以免因静电而损坏电路。

【器材准备】

①螺丝刀；②镊子；③撬棒；④热风枪；⑤拨片；⑥卡片；⑦卡针；⑧吸盘；⑨磁铁；⑩刀片。

【项目准备】

表 2-12　　　　　　　　　后盖中框分离式智能手机拆装的项目准备单

序号	拆装部分名称	型号	先后顺序
1	卡托、SIM 卡		
2	拆卸螺丝		
3	分离前后机壳		
4	取出手机主板、部件		

2.4.2.3　任务

1) 利用拆装工具按要求拆开智能手机，并分类摆放好。

2) 利用工具按要求安装智能手机。

2.4.2.4　行动

【行动要求】

1) 采用小组协作法，各小组由组长根据任务进行分工，全体组员共同完成任务单的各项内容。

2) 每个小组必须严格遵守任务实施步骤和实验安全操作规范，完成后盖中框分离式智能手机拆装。

3) 遇到疑难问题先进行小组内部的集体分析讨论，探求解决方案，确实无法解答的可以进行组间讨论或向老师请教，老师做好巡回指导，遇到共性问题及时进行解答。

【行动内容】

以华为 Mate20 Pro 智能手机为例示范拆装步骤。

1) 仔细观察华为 Mate20 Pro 手机外形，如图 2-34 所示。

图 2-34　华为 Mate20 Pro 手机外形

2）在对手机进行拆机前，需要检查手机的屏幕是否损坏、能否正常开机等情况并做好相应的手机故障记录，记录好后将手机关机并用卡针取出机身的 SIM 卡托，如图 2-35 所示。

图 2-35　取下卡托

3）拆卸后盖，首先需要借助热风枪，对后壳四周边缘进行均匀加热，将后盖上的粘胶软化，利用吸盘和塑料薄片将后盖小心分离，取下后壳，看到华为 Mate20 Pro 机身为三段式结构，电池和副板被无线充电圈覆盖，上方框内为主板，下方框内为副板，如图 2-36 所示。

图 2-36　后盖

4）主板拆解，首先将加强筋去掉，用螺丝刀将主板上的固定螺丝拧下，从防滚架左侧撬开固定板，注意补光灯与主板间的排线，用绝缘撬棒断开排线、同轴线等。最后取下主板、摄像头、扬声器等，如图 2-37 所示。

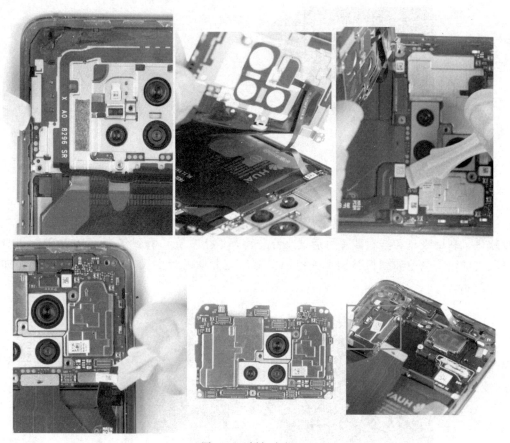

图 2-37　拆卸主板

5）底方副板拆除，首先去掉底部加强筋、螺丝，再断开同轴线、排线，最后取下副板、扬声器、震动马达等，如图 2-38 所示。

图 2-38　拆除副板

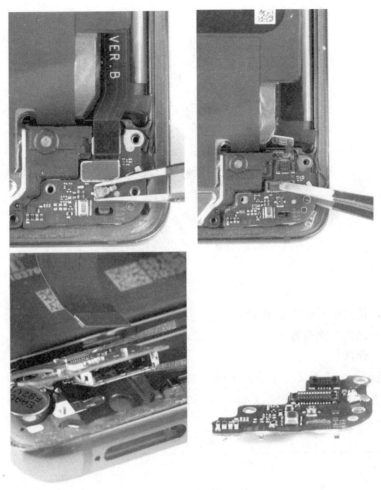

图 2-38 拆除副板（续）

6）拆卸电池，用手撕开快拆贴，取出电池，如图 2-39 所示。

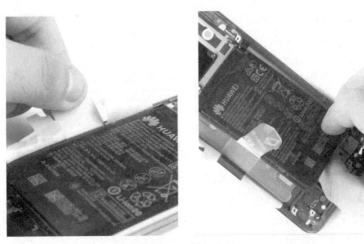

图 2-39 拆卸电池

7）拆机全家福，如图 2-40 所示。

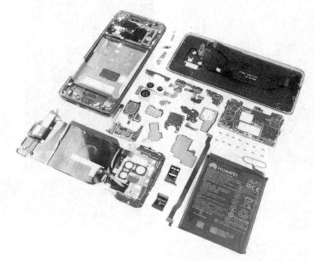

图 2-40　拆机全家福

8）装机，按照前面的步骤倒序进行。

9）开机，试机，检查有无故障，装机结束。

2.4.2.5　评估

【评估目标】　你是否具备了后盖中框分离式智能机的拆装机能力？

【评估标准】　如表 2-13 所示，评估结果用 A＋、A、B、C 来分别表示优秀、良好、合格、不合格。

表 2-13　　　　　　　　　　　　　　　　项目评估用表

评估项目	评估内容	小组自评	教师评估
应知部分	1. 能正确使用拆机工具 2. 能正确无损地拆开手机 3. 能正确无损将手机安装好 4. 注意手机元件的放置，不要丢失 5. 能正确填写项目准备单的各项内容 6. 安全无事故、不损坏手机		
应会部分	1. 态度端正，团队协作，能积极参与所有行动 2. 主动参与行动，能按时按要求完成各项任务 3. 认真总结，积极发言，能正确解读项目准备单中的问题		
学生签名：	教师签名：	评价日期：　　年　　月　　日	

【课后习题】

1）简述后盖中框分离式智能机的拆机主要步骤。

2）后盖中框分离式智能机的拆装要点有哪些？

【注意事项】

1）拆装过程中防静电措施。

2）拆装工具的安全使用。

3）零部件的分类归纳。

元器件的识别与检测

 模块描述

作为手机维修人员需要学会识别各类元器件，如电阻器、电容器、电感器、半导体元器件和特殊元器件，并熟悉这些元器件的外观以及它们在手机电路中的作用和应用。

元器件的检测主要体现为元器件的性能参数测试，正确、安全地使用检测工具，正确选择测试时机和测试环境，正确记录测试结果，分析元器件的好坏，以达到根据测试结果进行故障初步定位的目的。

能力目标

1. 具备各类元器件电路符号和实物的识别能力。
2. 了解各类元器件在手机电路中的作用。
3. 具备正确使用常用测试仪器和工具进行参数测试的能力。
4. 能根据测试结果进行故障分析和初步定位。
5. 具备团队协作、资料收集和自我学习的能力。

项目 3.1 贴片元器件的识别与检测

3.1.1 贴片电阻器的识别与检测

3.1.1.1 目标

1）手机中贴片电阻器的外形特征和单位换算方法。

2）手机中贴片电阻器的识别方法与检测方法。

3）能根据外形特征识别贴片电阻器。

4）熟练使用万用表进行贴片电阻器的检测。

5）根据检测结果进行贴片电阻器的故障判断。

3.1.1.2 准备

【必备知识】

电阻的概念：电流在电路中受到的阻力叫电阻。符号：用"R"表示。单位：Ω（欧姆）、kΩ（千欧）、MΩ（兆欧），其中 1MΩ＝1000kΩ、1kΩ＝1000Ω。

（1）电阻的结构

在绝缘体上（通常为陶瓷）涂上一层导电材料（形成一层膜），根据涂层的厚薄形成电阻值大小不同的电阻，如涂的导电材料是碳就叫碳膜电阻；若涂的是金属就叫金属膜电阻，手机中的电阻采用体积较小的贴片元件。

（2）电阻的作用

电阻主要作用是给电路各部位提供相应的工作电压；与电容一起组成 RC 滤波，在信号通路中对信号进行衰减等，按照电阻之间的连接关系，电路中常见有电阻的串联和并联两种。

1）串联：两个或多个电阻首尾相接在电路中，使电流只有一条通路，叫串联。

电压在所串联电阻上产生电压降，电压降与电阻的阻值成正比，即串联电阻的作用是降压，电阻越大产生的电压降越大；电阻越小产生的电压降越小，并且电阻串联的越多其阻值越大，总电阻等于各电阻之和，即 $R＝R_1＋R_2$。

若两个电阻串联，作用是分压，两个电阻值相同，各分总电压的一半；电阻阻值大的分得较高电压，阻值小的分得较低电压，电阻分压常用于三极管的基极偏置等电路。

2）并联：若干个电阻，首与首连接，尾与尾连接，接到一个电源上叫并联。

电阻并联的作用是分流，有几个电阻就有几路电流，电阻的阻值越小流过的电流就越大；电阻的阻值越大流过的电流就越小，$I＝I_1＋I_2$，$U＝U_1＝U_2$。

即电流与电阻成反比，电阻并联后总的电阻值减小，若两个相同阻值的电阻并联，总电阻减小一半；两个不同阻值的电阻并联，总电阻比最小的那个阻值还要小，可用 $R＝R_1R_2/(R_1＋R_2)$ 计算。

（3）电阻的种类

1）组合电阻：手机电路中的电阻，大部分为独立的，也有双排、四排等组合电阻，排阻的阻值通常大小相同，有时也有三个组成 π 型滤波器。

2）跨接电阻：一般为零欧阻值，串接在电路中，便于测量电路的电流等数值。

3）热敏电阻：具有温度上升阻值下降的特性，常用于充电电池温度检测电路。

4）压敏电阻：起保护作用，当连接压敏电阻的电路电压超过额定值时，压敏电阻的阻值会瞬间减小，起到降低电压分流的保护作用，常用于手机中键盘或尾插等接口电路，若压敏电阻损坏，可取下不用。

（4）电阻在手机中的外形及应用

手机中的电阻多为中间黑色，两端白色（焊盘，焊接点），外形尺寸大小有 0402（长 4mm，宽 2mm）、0805（长 8mm，宽 5mm），普通碳膜电阻允许阻值误差 10％～20％。贴片电阻器的外形及实物如图 3-1 所示，数码手机中都使用这种贴片电阻器。贴片电阻器 SMT 是金属玻璃铀电阻器的一种形式，它是由高可靠的钌系列玻璃铀材料经过高温烧结而成，电极采用银钯合金浆料。贴片电阻体积小，精度高，稳定性好，由于其为片状元件，因此高频性能好。

按照电阻外形体积大小可分为厚膜片

俯视图

| | 474 | |

图 3-1　贴片电阻外形与实物图

状电阻 3.2mm×1.6mm 和薄膜贴片电阻（0201，0402，0603，0805 等，如 0201 长宽比为 2mm×1mm），贴片电阻的阻值有的会印制在电阻表面。手机中的贴片电阻器大多数未标出其阻值，而个头稍大电阻器的阻值一般用数码法表示，就是在电阻器上用三位数字表示标称值的标志方法。表示阻值的字符，在电阻器上横向标识。三位数字中的前两位表示有效数字，第三位数字表示有效数字后面 0 的个数，即 10 的指数，单位为欧姆。第三位数字和 10 的指数对照关系见表 3-1 中的说明。若电阻上标有"474"字样，则"474"就表示该电阻器的阻值为 470kΩ（$47×10^4=470kΩ$）；若电阻上标有"102"字样，则"102"就是该电阻器的阻值为 1kΩ（$10×10^2=1kΩ$），以此类推。

表 3-1　　　　　　　　　　　　贴片电阻数码标识对照表

第三位数字 x	0	1	2	3	4	5	6	7	8	9
10^x	10^0	10^1	10^2	10^3	10^4	10^5	10^6	10^7	10^8	10^9

图 3-1 中，大电阻器两端为银白色，中间为紫色；小电阻器两端为白色，中间为黑色。阻值小于 10Ω 常用 *R 表示，R 代表小数点，例如 8R2 表示 8.2Ω。大电阻器上标有"6R8"字样，就表示该电阻器的阻值为 6.8Ω。

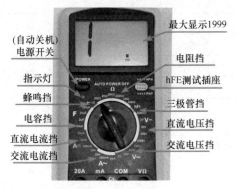

图 3-2　数字万用表面板示意图

（5）数字万用表的基本操作

1）数字万用表的结构。数字万用表面板上各功能键、旋钮的功能如图 3-2 所示。

2）测量直流电压。直流电压的测量，如电池、随身听电源等。首先将黑表笔插进"COM"孔，红表笔插进"VΩ"孔。把旋钮旋到比估计值大的量程（注意：表盘上的数值均为最大量程，"V−"表示直流电压挡，"V～"表示交流电压挡，"A"是电流挡），接着把表笔接电源或电池两端；保持接触稳定。数值可以直接从显示屏上读取，若显示为"1."，则表明量程太小，那么就要加大量程后再测量工业电器。如果在数值左边出现"−"，则表明表笔极性与实际电源极性相反，此时红表笔接的是负极。

3）测量交流电压。表笔插孔与直流电压的测量一样，不过应该将旋钮旋到交流挡"V～"处所需的量程即可。交流电压无正负之分，测量方法跟前面相同。无论测量交流还是直流电压，都要注意人身安全，不要随便用手触摸表笔的金属部分。

4）电阻的测量。将表笔插进"COM"和"VΩ"孔中，把旋钮旋到"Ω"中所需的量程，用表笔接在电阻两端金属部位，测量中可以用手接触电阻，但不要把手同时接触电阻两端，这样会影响测量的精确度——人体是电阻很大且有限的导体。读数时，要保持表笔和电阻有良好的接触；注意单位：在"200"挡时单位是"Ω"，在"2k"到"200k"挡时单位为"kΩ"，"2M"以上的单位是"MΩ"。

5）电流的测量。

①直流电流。先将黑表笔插入"COM"孔。若测量大于 200mA 的电流，则要将红表笔插入"10A"插孔并将旋钮旋到直流"10A"挡；若测量小于 200mA 的电流，则将

红表笔插入"200mA"插孔，将旋钮旋到直流 200mA 以内的合适量程。调整好后，就可以测量了。将万用表串联进电路中，保持稳定，即可读数。若显示为"1."，那么就要加大量程；如果在数值左边出现"－"，则表明电流从黑表笔流进万用表。

② 交流电流。测量方法与直流电流相同，不过挡位应该打到交流挡位。

注意：电流测量完毕后应将红笔插回"VΩ"孔，否则万用表或电源会直接烧坏。

【器材准备】

①贴片电阻器实物；②手机电路板；③数字万用表；④台灯放大镜；⑤不同颜色的彩色铅笔。

【项目准备】

表 3-2   贴片电阻器的识别与检测项目准备单

序号	具体内容	要点记录
1	图形符号	
2	单位换算	
3	基本作用	
4	连接方式	
5	类型	
6	外形颜色	
7	标识方法	
8	测试方法	

3.1.1.3 任务

1）贴片电阻器的识别，根据数码法识读电阻器的阻值。

2）用万用表测量电阻值。

3.1.1.4 行动

【行动要求】

1）采用小组协作法，各小组由组长根据任务进行分工，全体组员共同完成任务单的各项内容。

2）每个小组必须严格遵守任务实施步骤和实验安全操作规范，认真完成元器件的识别与参数测量。

3）遇到疑难问题先进行小组内部的集体分析讨论，探求解决方案，确实无法解答的可以进行组间讨论或向老师请教，老师做好巡回指导，遇到共性问题及时进行解答。

【行动内容】

在给定的手机电路板或其他有贴片元器件的电路板（如电脑主板等）等设备中找出一些贴片电阻器，填写表 3-3。

表 3-3   贴片电阻器的识别与参数测量表

测量贴片电阻	第一位数字	第二位数字	第三位数字	标识误差	标称阻值	测量阻值	电阻器性能	实测误差范围
电阻器								

续表

测量贴片电阻	第一位数字	第二位数字	第三位数字	标识误差	标称阻值	测量阻值	电阻器性能	实测误差范围
电阻器								
电阻器								
电阻器								
其他								

3.1.1.5　评估

【评估目标】　你是否具备了用万用表检测贴片电阻器的能力？

【评估标准】　如表 3-4 所示，评估结果用 A＋、A、B、C 来分别表示优秀、良好、合格、不合格。

表 3-4　　　　　　　　　　　项目评估用表

评估项目	评估内容	小组自评	教师评估
应知部分	1. 能正确识读电阻器的符号及阻值 2. 能正确使用数字万用表 3. 能使用数字万用表测量电阻器的阻值及判断性能好坏 4. 小组学习分工明确,合作精神好且能正确填写实训报告		
应会部分	1. 态度端正,团队协作,能积极参与所有行动 2. 主动参与行动,能按时按要求完成各项任务 3. 认真总结,积极发言,能正确解读项目准备单中的问题		
学生签名：	教师签名：	评价日期：　　年　　月　　日	

【课后习题】

1）总结贴片电阻器的识别方法。

2）如果使用指针万用表进行测试，简述操作方法及注意事项。

【注意事项】

1）使用万用表之前，应熟悉各转换开关、旋钮或按键、专用插口、测量插孔以及相应附件的作用。不能用欧姆挡测电压或电流，否则可能损坏万用表。

2）测量完毕，应将量程选择开关拨到最高电压挡〔有的万用表设有"关（OFF）"的挡位或按钮，不用时可设在"关"的位置〕，防止漏电或下次开始测量时不慎烧坏万用表。

3）在不知测量的量程范围时，先把量程范围选择在最大挡位，再根据实际情况逐渐减小量程挡位。

3.1.2　贴片电容器的识别与检测

3.1.2.1　目标

1）手机中贴片电容器的外形特征和单位换算方法。

2）手机中贴片电容器的识别方法与检测方法。

3）能根据外形特征识别贴片电容器。

4）熟练使用万用表进行贴片电容器的检测。

5）根据检测结果进行贴片电容器的故障判断。

3.1.2.2 准备

【必备知识】

电容的概念：可以储存电荷的元件叫电容器（如同水杯叫水容器），用"C"表示。单位：F（法）、μF（微法）、pF（皮法），其中 1F＝1000000μF、1μF＝1000000pF。

（1）电容器的结构

两个金属板靠近（形成极板）中间绝缘，引出两个导线，就形成一个平板电容器，极板之间充填什么绝缘材料就叫什么电容，如充填陶瓷叫瓷介电容、充填云母叫云母电容、充填涤纶叫涤纶电容等。

（2）电容器的基本特性

可以容纳电荷（存电）和释放电荷（放电）。世界上物质都是由浓度大向浓度小的方向运动，一个不带电荷的电容器接到直流电路上，电池上的电荷将通过导线电容器的极板上运动，使电容器的两个极板上分别带上不同极性的电荷，由于电荷的性质是异性相吸引，在异性电荷吸引力的作用下，电容器储存了电荷并且不会自动放掉，这就是电容器可以容纳电荷的原理。

如果把电容器的两个电极短路，两个极板上所带的不同极性而数量相等的电荷相互抵消而把电放掉。即使电容器带上电荷叫充电，使电容器去掉电荷叫放电。

（3）影响电容大小的因素

极板的面积越大，储存电荷的数量越多，容量就越大；极板的距离越近，异性电荷的吸引力越大，容量也越大。即极板的面积与容量成正比，极板的距离与容量成反比。

（4）电容器的作用

1）隔直流：电容器接到直流电路上，由于电源要给电容充电，并且瞬间即可充满电荷，电路中串接的灯泡闪一下就熄灭。因为当极板上充满电荷时，电路中没有电荷运动，等效于断路，取下或装上电容，灯泡均不会发光，所以电容器是隔直流。

2）通交流：由于交流电电压是正负交替变化的，正半周时，两个极板充得上正下负的电压；负半周时两个极板充的上负下正的电压，即两个极板上正半周时充电负半周时放电，周而复始，电路中电荷不断地运动，所串的灯泡一直发光，说明电容器可以通交流，并且频率高的通过的多（通高频）；频率低的通过的少（阻低频）。

（5）电容器的串并联

1）串联。电容器串联后，根据加电的极性，各极板均充得左正右负的电压，相邻两个极板所带的异性电荷相互抵消，只剩下边缘的两个极板带有电荷，等效于增大了极板的距离，总的容量减小，但耐压值提高（手机的电压较低，一般不考虑耐压）。$C＝C_1C_2/(C_1＋C_2)$。

2）并联。电容器并联后，相邻极板所加电压极性相同，等效于增大了极板的面积，总的容量增大，$C＝C_1＋C_2$，但只能按其中最小耐压值加电压。

（6）电容器的外形

1）无极性电容：焊接时不分方向。通常中间咖啡色或灰白色，两端白色（焊盘）。

2）电解电容：分正、负极，安装时注意极性。一般是黄色，有红线一端为正极；或黑色，有白线一端为正极。

无极性电容容量较小，一般用于高频电路；电解电容容量较大有极性，一般用于低频电路。和排电阻一样，手机电路中也有排电容，通常四排较多，排容的容量相同。

手机电路中固定电容器的外观与电阻器的外观有一点相似，两端都为银白色，但固定电容器中间的颜色多为棕色、灰色或黄色。

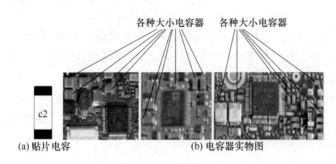

(a) 贴片电容   (b) 电容器实物图

图 3-3 贴片电容外形与实物图

电解电容器个头稍大，无极性电容器很小，最小的只有1mm×2mm，有的电容器在其中间标出两个字符来表示容量，大部分电容器由于体积很小则未标出其容量。手机中的电解电容，在其一端有一较窄的暗条（暗条即是一条色带，此色带通常是深黄色，黑色电解电容的色带通常是白色），表示该端为其正极，如图 3-3 所示。

个头稍大的电容器表面常标出两个字符，如图 3-3（a）所示。第一个字符是英文字母，代表有效数字，第二个字符是数字，代表 10 的指数，元件的单位为 pF，它们的含义见表 3-5。

表 3-5   贴片电容标识对照表

字母	A	B	C	D	E	F	G
有效数字	1.0	1.1	1.2	1.3	1.5	1.6	1.8
字母	H	J	K	L	M	N	P
有效数字	2.0	2.2	2.4	2.7	3.0	3.3	3.6
字母	Q	R	S	T	U	V	W
有效数字	3.9	4.3	4.7	5.1	5.6	6.2	6.8
字母	X	Y	Z	a	b	d	e
有效数字	7.5	8.2	9.1	2.5	3.5	4.0	4.5
字母	f	m	n	t	y		
有效数字	5.0	6.0	7.0	8.0	9.0		

例如，一个电容器标注为 G3，通过查表，查出 G=1.8，"3"表示"$\times 10^3$"，那么，这个电容器的标称值为 $1.8 \times 10^3 = 1800 pF$。

通常情况下，元件上未标有电容单位，则默认为皮法（pF），电解电容单位为微法（μF）。也有些采用数码表示法，大多是一些贴片的电解电容上标有数码，电容的数码标识法与电阻器的数码标识法基本相同。第一、二位为有效值，第三位为乘数，但电容器数码标识法中，第三位数中"9"表示 10^{-1}（×0.1）。

如果有小数点则用 R 或 P 来表示。例如 010 表示 1pF；1R5 表示 1.5pF；100 表示 10pF；221 表示 220pF；103 表示 0.01μF。后面用 J、K、L、M、G 表示误差，即 J 表示 +5%、K

表示+10％、L 表示+15％、M 表示+20％、G 表示+2％。如 104G＝0.1μF+2％。电容器标识为 339K 表示为 3.3p+0.33pF；R47K 表示 0.47μF+0.047μF。但手机数码标识法中一般未标明误差。

（7）电容器的应用

电容器在电路中常用于耦合、滤波、振荡等。

（8）电容实物测量及判断

1）用数字万用表电容挡测量。数字万用表具有测量电容的功能，其量程分为 2000pF、20nF、200nF、2μF 和 20μF 五挡。测量时可将已放电的电容两引脚直接插入表板上的"Cx"插孔，选取适当的量程后就可读取显示数据。

2000pF 挡，宜于测量小于 2000pF 的电容；20nF 挡，宜于测量 2000pF 至 20nF 的电容；200nF 挡，宜于测量 20nF 至 200nF 的电容；2μF 挡，宜于测量 200nF 至 2μF 的电容；20μF 挡，宜于测量 2μF 至 20μF 的电容。

注意：在测量 50pF 以下的小容量电容器时误差较大，测量 20pF 以下电容时几乎没有参考价值。此时可采用串联法测量小值电容。方法是：先找一只 220pF 左右的电容，用数字万用表测出其实际容量 C_1，然后把待测小电容与之并联测出其总容量 C_2，则二者之差（C_1-C_2）即是待测小电容的容量。用此法测量 1～20pF 的小容量电容非常准确。

2）用数字万用表电阻挡测量。如图 3-4 所示，测试过程表述如下：

① 将数字万用表拨至合适的电阻挡。

② 红表笔和黑表笔分别接触被测电容器"Cx"的两极，这时显示值将从"000"开始逐渐增加，直至显示溢出符号"1"。若始终显示"000"，说明电容器内部短路；若始终显示溢出，则可能是电容器内部极间开路，也可能是所选择的电阻挡不合适。

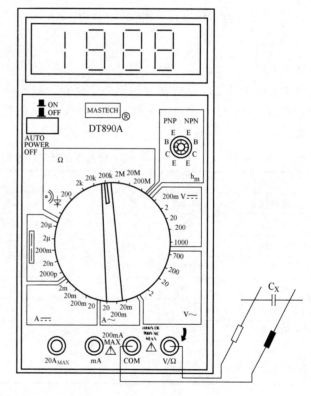

图 3-4　电阻挡测量电容示意图

检查电解电容器时需要注意，红表笔（带正电）接电容器正极，黑表笔接电容器负极。

3）用数字万用表蜂鸣器挡测量。利用数字万用表的蜂鸣器挡，可以快速检查电解电容器的质量好坏。如图 3-5 所示，测试过程表述如下：

将数字万用表拨至蜂鸣器挡，用两支表笔分别与被测电容器"Cx"的两个引脚接触，

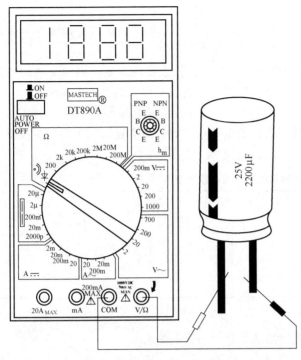

图 3-5　蜂鸣器挡测量电容示意图

应能听到一阵短促的蜂鸣声，随即声音停止，同时显示溢出符号"1"。接着，再将两支表笔对调测量一次，蜂鸣器应再发声，最终显示溢出符号"1"，此种情况说明被测电解电容基本正常。此时，可再拨至 20MΩ 或 200MΩ 高阻挡测量一下电容器的漏电阻，即可判断其好坏。

上述测量过程的原理是：测试刚开始时，仪表对"Cx"的充电电流较大，相当于通路，所以蜂鸣器发声。随着电容器两端电压不断升高，充电电流迅速减小，最后使蜂鸣器停止发声。

测试时，如果蜂鸣器一直发声，说明电解电容器内部已经短路；若反复对调表笔测量，蜂鸣器始终不响，仪表总是显示为"1"，则说明被测电容器内部断路或容量消失。

【器材准备】

①贴片电容器实物；②手机电路板；③数字万用表；④台灯放大镜；⑤不同颜色的彩色铅笔。

【项目准备】

表 3-6　　　　　　　　　　　贴片电容器的识别与检测项目准备单

序号	具体内容	要点记录
1	图形符号	
2	单位换算	
3	基本作用	
4	连接方式	
5	类型	
6	外形颜色	
7	标识方法	
8	测试方法	

3.1.2.3　任务

1）贴片电容器的识别，根据数码法估读电容器的容值。

2）用万用表测量电容器的好坏。

3.1.2.4　行动

【行动要求】

1）采用小组协作法，各小组由组长根据任务进行分工，全体组员共同完成任务单的各项内容。

2）每个小组必须严格遵守任务实施步骤和实验安全操作规范，认真完成元器件的识别与参数测量。

3）遇到疑难问题先进行小组内部的集体分析讨论，探求解决方案，确实无法解答的可以进行组间讨论或向老师请教，老师做好巡回指导，遇到共性问题及时进行解答。

【行动内容】

在给定的手机电路板或其他有贴片元器件的电路板（如电脑主板等）等设备中找出一些贴片电容器，填写表 3-7。

表 3-7　　　　　　　　　　　　贴片微型电容器的识别与参数测量表

贴片电容器	电容挡测量容值	性能判定			
		电阻挡		蜂鸣器挡	
		好	坏	好	坏
$1\mu F$ 以下的电容器					
$1\mu F$ 以上的电容器					

3.1.2.5　评估

【评估目标】　你是否具备了用万用表检测贴片电容器的能力？

【评估标准】　如表 3-8 所示，评估结果用 A＋、A、B、C 来分别表示优秀、良好、合格、不合格。

表 3-8　　　　　　　　　　　　项目评估用表

评估项目	评估内容	小组自评	教师评估
应知部分	1. 能正确解读电容器的符号和电容量 2. 能熟练使用数字万用表测量电容器的好坏 3. 小组学习分工明确，合作精神好且能正确填写实训报告		
应会部分	1. 态度端正，团队协作，能积极参与所有行动 2. 主动参与行动，能按时按要求完成各项任务 3. 认真总结，积极发言，能正确解读项目准备单中的问题		
学生签名：　　　　　　教师签名：　　　　　　评价日期：　　年　　月　　日			

【课后习题】

1）总结贴片电容器的识别方法。

2）如果使用指针万用表进行测试，简述操作方法及注意事项。

【注意事项】

1）测量电容时，正确选择挡位。

2）在测量时，切勿用力压电路板，以免划伤铜箔或造成元器件的脱落（若在路测量不准，可拆下后进行测量）。

3.1.3　贴片电感器的识别与检测

3.1.3.1　目标

1）手机中贴片电感器的外形特征和单位换算方法。

2) 手机中贴片电感器的识别方法与检测方法。

3) 能根据外形特征识别贴片电感器。

4) 熟练使用万用表和示波器进行贴片电感器的检测。

5) 根据检测结果进行贴片电感器的故障判断。

3.1.3.2 准备

【必备知识】

(1) 电感器的识别

与电阻器、电容器不同的是手机电路中电感器的外观形状多种多样,有的电感器很大,从外观上很容易判断;但有的电感器的外观形状和电阻器、电容器相差不大,很难判断。用万用表的欧姆挡可以检查电感器是否开路。

除专门的电感器线圈 (色码电感器) 外,电感量一般不专门标注在线圈上,而以特定的名称标注。手机中贴片电感器的外形及实物如图 3-6 所示。

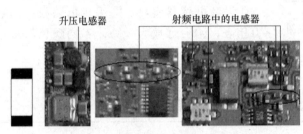

图 3-6 贴片电感器外形与实物图

手机中微型贴片电感器的外形有以下几种:一端黑一端白 (焊盘);主体为白色,有绿线或蓝线;主体为深绿色,两端白 (焊盘);主体为黑色,呈圆形或椭圆形等;微带线 (印制电感器)。在高频电子设备中,常常一段特殊形状的铜皮就可以构成一个电感器。通常我们把这种电感器称为印制电感器或微带线。手机中的微带线 (印制电感器) 不是一个独立的元件,它是在制作电路板时,利用高频信号的特性,在弯曲的导线 (铜箔) 之间形成一个电感器或互感耦合器,起到滤波、耦合的作用。

两组线圈靠近,中间绝缘,第一组 (一次线圈) 通过交流电,产生的磁力线将通过第二组 (二次线圈),二次线圈只要形成闭合回路,便有电流流动。这种电生磁、磁生电的现象,叫作电磁感应,也叫互感。电磁感应常用于变压器、阻抗变换、手机中的互感微带线、定向耦合器等。在手机电路中,微带线耦合器的使用比较多,它起的作用类似于低频电路中的音频耦合变压器。微带线耦合器常用在射频电路中,特别是接收的前级和发射的末级。手机中的互感微带线实际上是一个高频变压器,起耦合 (传输) 高频信号的作用。在手机电路中,一条特殊的印制铜线即构成一个电感器,两条特殊的印制铜线放在一起,就是刚提到的高频变压器了。

手机中微带线的实物图及电路符号如图 3-7 所示 (如果只是一根短粗的黑线,则称其为微带线;若是两根平行的短粗黑线,则称其为微带线耦合器)。

(2) 电感器的检测

电感器的质量检测包括外观和阻值测量。首先检测电感器的外表有无完好,磁性有无缺损、裂缝,金属部分有无腐蚀氧化,标识有无

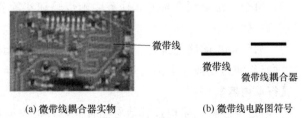

(a) 微带线耦合器实物　　(b) 微带线电路图符号

图 3-7 微带线实物图及电路符号

完整清晰，接线有无断裂和折伤等。

用万用表对电感器作初步检测，测线圈的直流电阻，并与原已知的正常电阻值进行比较。可以用万用表的欧姆挡进行检测，如果检测值比正常值显著增大，或指针不动，可能是电感器本体断路，表明线圈内部或引出线端已断线，则应更换电感器。若比正常值小许多，则可判断电感器本体严重短路，线圈的局部短路需用专用仪器进行检测。

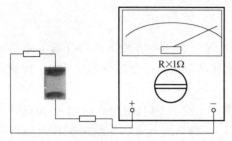

图 3-8　用万用表测量贴片电感器通断示意图

注意：在测量时，线圈应与外电路断开（也可以在路测量），以避免外电路对线圈的并联作用而造成错误的判断。通常来说，手机中的电感器主要出现在射频电路中。用万用表测量贴片电感器通断如图 3-8 所示。

【器材准备】

①贴片电感器实物；②手机电路板；③数字万用表；④台灯放大镜；⑤不同颜色的彩色铅笔。

【项目准备】

表 3-9　　　　　　　　　贴片电感器的识别与检测项目准备单

序号	具体内容	要点记录
1	图形符号	
2	单位换算	
3	基本作用	
4	外形颜色	
5	标识方法	
6	测试方法	

3.1.3.3　任务

1）贴片电感器的识别。

2）用万用表测电感器的通断状况。

3.1.3.4　行动

【行动要求】

1）采用小组协作法，各小组由组长根据任务进行分工，全体组员共同完成任务单的各项内容。

2）每个小组必须严格遵守任务实施步骤和实验安全操作规范，认真完成元器件的识别与参数测量。

3）遇到疑难问题先进行小组内部的集体分析讨论，探求解决方案，确实无法解答的可以进行组间讨论或向老师请教，老师做好巡回指导，遇到共性问题及时进行解答。

【行动内容】

在给定的手机电路板或其他有贴片元器件的电路板（如电脑主板等）等设备中找出一些贴片电容器，填写表 3-10。

表 3-10   贴片微型电感器的识别与参数测量表

贴片电感器	外观检测	性能检测		
		测试数据	性能判定	
			好	坏
电感器 1				
电感器 2				
电感器 3				
电感器 4				

3.1.3.5　评估

【评估目标】　你是否具备了用万用表检测贴片电感器的能力？

【评估标准】　如表 3-11 所示，评估结果用 A＋、A、B、C 来分别表示优秀、良好、合格、不合格。

表 3-11   项目评估用表

评估项目	评估内容	小组自评	教师评估
应知部分	1. 能正确解读电感器的用途及符号 2. 在手机电路板上识别贴片电感器 3. 使用万用表测量电感器的好坏 4. 小组学习分工明确,合作精神好且能正确填写实训报告		
应会部分	1. 态度端正,团队协作,能积极参与所有行动 2. 主动参与行动,能按时按要求完成各项任务 3. 认真总结,积极发言,能正确解读项目准备单中的问题		
学生签名：	教师签名：	评价日期：　　年　　月　　日	

【课后习题】

1）总结贴片电感器的识别方法。

2）如果使用指针万用表进行测试，简述操作方法及注意事项。

【注意事项】

1）测量电感器时，正确选择挡位。

2）对于手机中的互感微带线，务必不要刮掉上面的铜箔，否则传输不了信号，导致机板报废。

3）在用手拿表笔进行测量时，切勿用力过度，以免损坏电路板。

项目 3.2　贴片半导体器件的识别与检测

3.2.1　贴片二极管的识别与检测

3.2.1.1　目标

1）手机中贴片二极管器件的作用和特性。

2）手机中贴片二极管器件的识别方法与检测方法。

3）能根据外形特征识别贴片二极管器件。

4）熟练使用万用表和示波器进行贴片二极管器件的检测。

5）根据检测结果进行贴片二极管器件的故障判断。

3.2.1.2　准备

【必备知识】

（1）二极管及特性

一个 PN 结加上外壳，引出导线，就形成一只二极管。通常用"CR"表示，二极管的特性是单向导电。

（2）二极管的导通电压

根据二极管单向导电的原理，当硅管正极比负极高 0.7V 时导通；锗管正极比负极高 0.2V 时导通。

（3）二极管的种类

按材料分，有硅管和锗管，硅管的稳定性比锗管好，使用较多。

按结构分，有点接触型和面接触型，点接触型用于高频小电流；面接触型用于低频大电流。

（4）二极管的作用

1）开关二极管。脉冲信号控制二极管的导通和截止，相当于开关合上和断开。

2）稳压二极管。利用二极管的反向击穿特性（不是损坏性击穿），当反向击穿时反向电流突然增大，电压变化很小基本稳定在一个值上进行稳压。稳压二极管多用于保护电路，如电路中的浪涌电压达到一定值时，利用稳压二极管的反向击穿特性（类似分流），把电压释放到地，起到保护的作用。

3）变容二极管。工作在反向电压状态，改变电压的大小，可改变 PN 结形成的电容的大小，相当于一个可变电容器。反向电压越高，结电容越小；电压越低，结电容越大。变容二极管用于手机中的压控振荡器（VCO）。

4）发光二极管。材料不同发光的颜色不同，发光亮度与电流成正比，工作电压 1.5V 左右，电流 10～20mA。用于手机的背景灯照明和工作状态指示。三星 N628 等手机的工作状态指示灯，把三个不同颜色的发光二极管封装在一起，三个不同的触发信号会触发不同的发光二极管。

5）肖特基二极管。这种二极管具有高频高速整流特性（正向导通电压 0.4V 左右），常用于发射电路的发射功率取样信号的高频整流，把发射载频取样信号整流为脉冲直流信号（整流就是把交流变为直流），用于自动功率控制。

6）红外线二极管。这种二极管是手机中的红外线组件，是把红外线发射和接收二极管封装在一起，用于红外线数据传输。用半导体材料砷化镓制成，同普通二极管具有单向导电特性。加电导通后即可发出红外光（看不见的光波），发光强度与电流成正比。

7）光敏（光电）二极管。这是一种光电转换器件，工作在反向电压状态，利用半导体材料的光敏特性，把吸收的红外光能转换成电能，光照强度越大，反向电流越大。

8）瞬态电压抑制二极管。瞬态电压抑制二极管是在稳压管的工艺基础上发展起来的一种元件，主要应用于对电压的快速过压保护电路中。当瞬态电压抑制二极管两端电压高于额定值时会瞬间导通，两端电阻以极高的速度，从高阻改变为低阻，从而吸收一个极大的电流，将管子两端的电压钳位在一个预定的数值上。手机中主要用在接口电路中，防止外界串入的高压脉冲损害手机。

（5）手机中的二极管识别

手机中的二极管有单独的，也有复合的。从外形上可以看出，一般的二极管为黑色，发光管一般是黄色，两端均有短的引脚，在其一端有一深色的竖条（色带），表示该端为负极。贴片二极管的外形示意图及实物图分别如图3-9和图3-10所示。

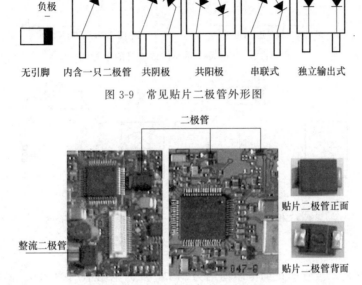

图3-9 常见贴片二极管外形图

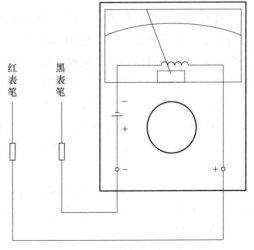

图3-10 手机贴片二极管实物图

在识别手机中的贴片二极管时，应注意与黑色的电解电容区分开。它们最显著的区别在两端的焊点上。贴片二极管有短小的引脚，而贴片电容器的引脚在电容器的下面。若实在区分不开，可以借助万用表测量它们的正反向电阻。

（6）用指针万用表测量贴片二极管

1）指针万用表内部接线基本原理。万用表内部接线的示意图如图3-11所示。用万用表检测晶体二极管时，实际上是把万用表作为一个带有电流表的直流电源来使用，万用表的黑表笔为直流电源的正极，红表笔为直流电源的负极。

2）确定二极管的极性。用万用表检测晶体二极管的示意图如图3-12所示。将万用表拨到合适挡位，手拿红、黑表笔去碰触二极管的两引脚，当测量到万用表的阻值比较小时（正测），万用表的黑表笔所接触二极管的一端是二极管的正极端，则另

图3-11 万用表内部接线示意图

一端为二极管的负极端。

3）普通二极管的单向导电性能及故障检测。判断手机中贴片二极管的好坏和性能与判断普通封装二极管好坏和性能的过程相同，测量过程如图 3-13 所示。

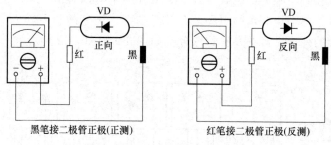

图 3-12　万用表检测晶体二极管的示意图

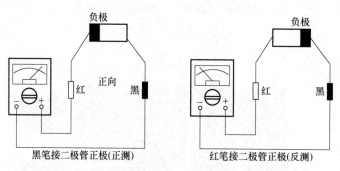

图 3-13　手机贴片二极管测量示意图

通常，锗材料二极管的正向电阻值约为 1kΩ，反向电阻值约为 300。硅材料二极管的电阻值为 5kΩ 左右，反向电阻值为∞（无穷大）。正向电阻越小越好，反向电阻越大越好。正、反向电阻值相差越大，说明二极管的单向导电特性越好。

二极管的常见故障有以下几种：

① 击穿或漏电故障。常表现出正反向电阻都为 0Ω，此时二极管失去了单向导电能力。

二极管短路很容易辨别，可用万用表测量正反向电阻，如果都接近于 0Ω，就说明二极管击穿了。正常情况下，正向阻值越小，反向阻值越大，说明管子的单向导电性越好。如果反向有一定的阻值，就说明管子有一定的漏电现象。当然，由于生产工艺的缘故，锗管有几十 kΩ 的反向电阻，但它是可以使用的。硅管的反向电阻接近无穷大，因此，硅管的性能较好些。二极管击穿或漏电的原因一般是由于二极管承受的反向电压超过了极限。

② 开路故障。若测得二极管的正、反向电阻值均接近 0 或阻值较小，则说明该二极管内部已击穿短路或漏电损坏。若测得二极管的正、反向电阻值均为无穷大，则说明该二极管已开路损坏。

③ 二极管变质故障。这种故障是一种介于短路与开路之间的情形，这种故障多在正反向电阻上有所表现，即二极管的正向电阻过大，而反向电阻偏小。失去了单向导电作用，不能继续使用，必须更换。

4）发光二极管的检测。

① 利用具有 $R \times 10k$ 挡的指针万用表可以大致判断发光二极管的好坏。正常时，它的正向电阻阻值为几十至 $200k\Omega$（手机中发光二极管约为 $50k\Omega$），反向电阻阻值为∞。如果正向电阻值为 0 或为∞，反向电阻值很小或为 0，则二极管已经损坏。使用这种检测方法，不能看到发光管的发光情况，因为 $R \times 10k\Omega$ 挡不能向发光二极管提供较大的正向电流。

用万用表的 $R \times 10k$ 挡对一只 $220\mu F/25V$ 电解电容器充电（黑表笔接电容器正极，红表笔接电容器负极），再将充电后的电容器正极接发光二极管正极、电容器负极接发光二极管负极，若发光二极管有很亮的闪光，则说明该发光二极管完好。

② 外接电源测量。可以用 3V 稳压源或两节串联的干电池及万用表（指针式或数字式皆可）较准确测量发光二极管的光与电压的特性。如果测得其两端电压 V_F 在 $1.4 \sim 3V$，且发光强度正常，可以说明发光管正常。如果测得 $V_F = 0$ 或 $V_F \approx 3V$，且不发光，说明发光管已坏。

5）稳压二极管的检测。

① 正、负电极的判别。从外形上看，金属封装稳压二极管管体的正极一端为平面形，负极一端为半圆面形。塑封稳压二极管管体上印有彩色标记的一端为负极，另一端为正极。对标志不清楚的稳压二极管，也可以用万用表判别其极性，测量的方法与普通二极管相同，即用万用表 $R \times 1k$ 挡，将两表笔分别接稳压二极管的两个电极，测出一个结果后，再对调两表笔进行测量。在两次测量结果中，阻值较小那一次，黑表笔接的是稳压二极管的正极，红表笔接的是稳压二极管的负极。

若测得稳压二极管的正、反向电阻均很小或均为无穷大，则说明该二极管已击穿或开路损坏。

② 稳压值的测量。用 $0 \sim 30V$ 连续可调直流电源，对于 13V 以下的稳压二极管，可将稳压电源的输出电压调至 15V，将电源正极串接 1 只 $1.5k\Omega$ 限流电阻后与被测稳压二极管的负极相连接，电源负极与稳压二极管的正极相接，再用万用表测量稳压二极管两端的电压值，所测的读数即为稳压二极管的稳压值。若稳压二极管的稳压值高于 15V，则应将稳压电源调至 20V 以上。

也可用低于 1000V 的兆欧表为稳压二极管提供测试电源。其方法是：将兆欧表正端与稳压二极管的负极相接，兆欧表的负端与稳压二极管的正极相接后，按规定匀速摇动兆欧表手柄，同时用万用表监测稳压二极管两端电压值（万用表的电压挡应视稳定电压值的大小而定），待万用表的指示电压指示稳定时，此电压值便是稳压二极管的稳定电压值。

若测量稳压二极管的稳定电压值忽高忽低，则说明该二极管的性能不稳定。

（7）用数字万用表测二极管

首先要强调的是用数字万用表测量二极管时，实测的是二极管的正向电压值，而指针式万用表则测的是二极管正反向电阻的值，所以使用过指针式万用表测二极管的读者，要特别注意这个区别。

测量时，表笔位置与电压测量一样，将旋钮旋到"V～"挡；用红表笔接二极管的正极，黑表笔接负极，这时会显示二极管的正向压降。肖特基二极管的压降约为 0.2V，普通硅整流管（1N4000、1N5400 系列等）约为 0.7V，发光二极管约为 $1.8 \sim 2.3V$。调换表笔，显示屏显示"1."则为正常，因为二极管的反向电阻很大，否则此管已被击穿。

【器材准备】

①贴片二极管实物；②手机电路板；③数字万用表/指针万用表；④台灯放大镜；⑤不同颜色的彩色铅笔。

【项目准备】

表 3-12 贴片二极管的识别与检测项目准备单

序号	具体内容	要点记录
1	图形符号	
2	特性	
3	基本作用	
4	外形颜色	
5	标识方法	
6	测试方法	

3.2.1.3 任务

1）贴片二极管的识别。

2）用万用表测量二极管的极性。

3.2.1.4 行动

【行动要求】

1）采用小组协作法，各小组由组长根据任务进行分工，全体组员共同完成任务单的各项内容。

2）每个小组必须严格遵守任务实施步骤和实验安全操作规范，认真完成元器件的识别与参数测量。

3）遇到疑难问题先进行小组内部的集体分析讨论，探求解决方案，确实无法解答的可以进行组间讨论或向老师请教。老师做好巡回指导，遇到共性问题及时进行解答。

【行动内容】

找一块手机电路板或其他有贴片元器件的电路板，找出一些贴片二极管，测量二极管的正反向阻值，测量结果填写到表 3-13 中。

表 3-13 二极管导电特性测量表

万用表测量挡位	黑表笔接正极（正测）时二极管的导通阻值	红表笔接正极（反测）时二极管的导通阻值	二极管性能判断		
			优	良	差
$R \times 10\Omega$					
$R \times 100\Omega$					
$R \times 1k\Omega$					

3.2.1.5 评估

【评估目标】 你是否具备了用万用表检测贴片二极管的能力？

【评估标准】 如表 3-14 所示，评估结果用 A＋、A、B、C 来分别表示优秀、良好、合格、不合格。

表 3-14   项目评估用表

评估项目	评估内容	小组自评	教师评估
应知部分	1. 能正确解读贴片二极管的用途及符号 2. 能熟知贴片二极管的工作过程 3. 在手机电路板上识别贴片二极管，且使用万用表测量贴片二极管的好坏 4. 小组学习分工明确，合作精神好且能正确填写实训报告		
应会部分	1. 态度端正，团队协作，能积极参与所有行动 2. 主动参与行动，能按时按要求完成各项任务 3. 认真总结，积极发言，能正确解读项目准备单中的问题		

学生签名：   教师签名：   评价日期：   年   月   日

【课后习题】

1）总结贴片二极管的识别方法。

2）对比指针万用表和数字万用表的测试方法，简述操作方法及注意事项。

【注意事项】

1）使用指针万用表测量二极管时，由于 $R \times 1\Omega$ 挡电流太大，$R \times 10k\Omega$ 挡电压太高，因此测量普通小功率二极管时，注意不要选用这两个挡位，否则易损坏二极管。一般选用 $R \times 10\Omega$、$R \times 100\Omega$ 或 $R \times 1k\Omega$ 挡。

2）用万用表检测晶体管时，操作要小心，避免过度弯曲和弄断二极管引脚，以免造成不必要的损失。

3）在用手拿表笔进行测量时，切勿用力过度，以免损坏电路板。

3.2.2 贴片晶体管的识别与检测

3.2.2.1 目标

1）了解手机中贴片晶体管器件的作用和特性。

2）掌握手机中贴片晶体管器件的识别方法与检测方法。

3）能根据外形特征识别贴片晶体管器件。

4）熟练使用万用表进行贴片晶体管器件的检测。

5）根据检测结果进行贴片晶体管器件的故障判断。

3.2.2.2 准备

【必备知识】

（1）三极管的结构

一块半导体材料掺杂成三个区域，中间的与两边的不同。如中间的是 N 区，两边则为 P 区，形成 PNP 三个区；若中间为 P 区，则形成 NPN 三个区。

三个区各引出电极，形成发射极 e、集电极 c 和基极 b。三个区内有两个 PN 结，一个称为发射结（发射极与基极之间的 PN 结），作用是发射电荷；另一个称为集电结（集电极与基极之间的 PN 结），作用是收集电荷。三个电极的作用是：发射极发射电荷，集电极收集电荷，基极控制电荷的数量。三极管发射极的箭头表示电流的方向。

（2）三极管的导通条件

三极管的导通条件是：发射结加正向电压，集电结加反向电压。

发射结加正向电压，就是基极和发射极之间所加电压 U_{be}，是按箭头的指向加 PN 结的电压，即硅管加 0.7V，锗管加 0.2V。

集电结加反向电压，就是在集电结的 PN 结上加反压 U_{bc} 才能把基区的电荷吸引过来。此电压较高，在手机中一般为 1～3.6V。

PNP 三极管的导通电压是 $U_e > U_b > U_c$，NPN 三极管为 $U_c > U_b > U_e$。

（3）三极管的电流放大

三极管加上了上述电压即可导通，导通后产生了三股电流，即 I_e、I_b、I_c，分别叫发射极电流、基极电流、集电极电流。I_b 很小，有时可以忽略，则认为 $I_c \approx I_e$。

三极管是电流控制元件，基极电流 I_b 的微小变化，都会引起集电极电流 I_c 较大的变化，即增大基极电流 I_b，集电极电流 I_c 成若干倍地增大；减小基极电流 I_b，集电极电流 I_c 随之减小，这就是三极管的电流放大作用。

即存在关系：$I_c / I_b = \beta$（β 为直流放大系数）。

根据三极管的放大作用，人们把有用的小信号电流，加到三极管的基极，引起集电极大的电流输出。如手机中的高放管、中放管、低放管等，就是三极管在放大电路中的具体应用。

（4）三极管的三种状态

三极管的三种状态也称为三个工作区域，即：截止区、放大区和饱和区。

1）截止区：三极管工作在截止状态，当发射结电压 U_{be} 小于 0.6～0.7V 的导通电压，发射结没有导通集电结处于反向偏置，没有放大作用。

2）放大区：三极管的发射极加正向电压、集电极加反向电压导通后，I_b 控制 I_c，I_c 与 I_b 近似于线性关系，在基极加上一个小信号电流，引起集电极大的信号电流输出。

3）饱和区：当三极管的集电结电流 I_c 增大到一定程度时，再增大 I_b，I_c 也不会增大，超出了放大区，进入了饱和区。

饱和时，I_c 最大，集电极和发射极之间的内阻最小，电压 U_{ce} 只有 0.1～0.3V，$U_{ce} < U_{be}$，发射结和集电结均处于正向电压。三极管没有放大作用，集电极和发射极相当于短路，常与截止配合用于开关电路。

手机电路中的三极管常用于放大和开关电路，结构上有独立的，也有组合的（在安装时注意方向）。

（5）手机中的晶体管

手机电路中使用的晶体管通常都是 SMD 器件，从其外观上来看，这些晶体管有三个电极的，也有四个电极的，几种常见微型贴片晶体管的外形及实物分别如图 3-14 和图 3-15 所示。

额定功率在 100～200mW 的小功率晶体管如图 3-14（a）、（b）所示。大功率晶体管如图 3-14（c）所示，其功率为 1～1.5W。

从外形上看，一般微型贴片晶体管的引脚比较固定，对其电极的判断比较简单，建议记清楚引脚顺序，方法是以标有字符的一面为正面，逆时针数过去依次为 b、e、c，单独凸出来的那只引脚为集电极 c。如不确定，先找出基极，则另外两只引脚也就明确了。

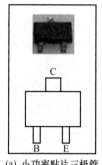 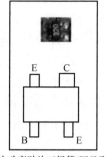 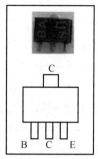

(a) 小功率贴片三极管　　(b) 小功率贴片三极管(四只引脚)　　(c) 大功率贴片三极管(四只引脚)

图 3-14　微型贴片晶体管实物图和外形图

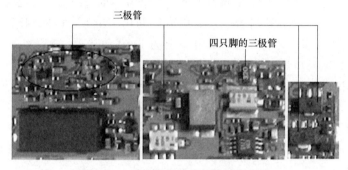

图 3-15　手机微型贴片晶体管实物图

　　但是，外观形状如图 3-14（a）所示的器件不一定就是晶体管。图 3-14（b）所示微型贴片四只引脚的晶体管中，仅多了一只引脚，即有两只发射极引脚。比较大的一只引脚是晶体管的集电极，另有两只相通的引脚是发射极，余下的一个是基极。

　　（6）晶体管的检测

　　1）用指针万用表测量贴片晶体管。从晶体管内部等效结构上来看，PNP 型晶体管可以看成是两个二极管对接而成，NPN 型晶体管可以看成是两个二极管背向相接而成。这样，把它当成是两个二极管来测量，就可以简单地判断晶体管的类型（PNP 或 NPN 型）和基极。以下为贴片晶体管实物测量及判断过程。

　　① 首先判别基极，并确定晶体管的导电类型。用万用表判断手机中贴片晶体管基极的示意图如图 3-16 所示（挡位选用 $R \times 10\Omega$、$R \times 100\Omega$ 或 $R \times 1k$ 挡均可）。

　　② 判断发射极（e）和集电极（c）。对于晶体管来说，e 和 c 的辨别相对复杂一些，但对于贴片晶体管，通常由于它的形式及引脚顺序比较固定，按上述方法会判断晶体管的类型和基极，记

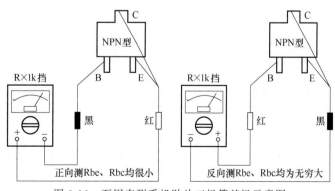

图 3-16　万用表测手机贴片三极管基极示意图

住 b、e 和 c，能测量与判断晶体管的好坏就行了。

③ 检测晶体管的性能与好坏。判断手机中贴片晶体管的好坏和性能与判断普通封装晶体管的好坏和性能时所用的方法相同。晶体管的常见故障有以下几种：如果晶体管两个 PN 结的正向电阻与反向电阻都很大，则为 R_{be}、R_{bc} 开路；如果都很小则为 R_{be}、R_{bc} 漏电或短路。若所测 R_{ec} 两端阻值均较小（调换红、黑表笔分别测两次），说明 e、c 极漏电或击穿。有一次测得阻值为无穷大，调换表笔后测得有一定阻值，说明有穿透电流产生，此时稳定性差，阻值越小穿透电流越大，该管不能使用（正常情况下 e 与 c 之间两次调换表笔所测得的阻值均为无穷大）。

2）用数字万用表测量贴片晶体管。先假定 A 脚为基极，用黑表笔与该脚相接，红表笔与其他两脚分别接触；若两次读数均为 0.7V 左右，然后再用红表笔接 A 脚，黑表笔接触其他两脚，若均显示"1"，则 A 脚为基极，否则需要重新测量，且此管为 PNP 管。

那么集电极和发射极如何判断呢？我们可以利用"hFE"挡来判断：先将挡位打到"hFE"挡，可以看到挡位旁有一排小插孔，分为 PNP 和 NPN 管的测量。前面已经判断出管型，将基极插入对应管型"b"孔，其余两脚分别插入"c""e"孔，此时可以读取数值，即 β 值；再固定基极，其余两脚对调；比较两次读数，读数较大的管脚位置与表面"c""e"相对应。

【器材准备】

①手机电路板；②数字万用表/指针万用表；③台灯放大镜；④不同颜色的彩色铅笔。

【项目准备】

表 3-15　　　　　　　　　　　贴片晶体管的识别与检测项目准备单

序号	具体内容	要点记录
1	图形符号	
2	特性	
3	基本作用	
4	外形颜色	
5	标识方法	
6	测试方法	

3.2.2.3　任务

1）贴片晶体管的识别。

2）用万用表测量贴片晶体管的电阻值，判断三个电极。

3.2.2.4　行动

【行动要求】

1）采用小组协作法，各小组由组长根据任务进行分工，全体组员共同完成任务单的各项内容。

2）每个小组必须严格遵守任务实施步骤和实验安全操作规范，认真完成元器件的识别与参数测量。

3）遇到疑难问题先进行小组内部的集体分析讨论，探求解决方案，确实无法解答的可以进行组间讨论或向老师请教，老师做好巡回指导，遇到共性问题及时进行解答。

【行动内容】

找一块手机电路板或其他有贴片元器件的电路板，找出一些贴片晶体管，要求用两种方法进行测量（拆下晶体管单独测量和在路测量），测量晶体管 R_{be}、R_{bc} 和 R_{ce} 的正反向阻值，填写表 3-16。

表 3-16 晶体管测试表

贴片晶体管	单独测量						在路测量					
	R_{be}		R_{bc}		R_{ce}		R_{be}		R_{bc}		R_{ce}	
	正向	反向	正向	反向	正向	反向	正向	反向	正向	反向	正向	反向
晶体管												
晶体管												

3.2.2.5 评估

【评估目标】 你是否具备了用万用表检测贴片晶体管的能力？

【评估标准】 如表 3-17 所示，评估结果用 A＋、A、B、C 来分别表示优秀、良好、合格、不合格。

表 3-17 项目评估用表

评估项目	评估内容	小组自评	教师评估
应知部分	1. 能正确解读贴片晶体管的用途、图形符号及种类 2. 能熟知晶体管的放大特性 3. 在手机电路板上识别贴片晶体管 4. 使用万用表测量贴片晶体管的好坏 5. 小组学习分工明确，合作精神好且能正确填写实训报告		
应会部分	1. 态度端正，团队协作，能积极参与所有行动 2. 主动参与行动，能按时按要求完成各项任务 3. 认真总结，积极发言，能正确解读项目准备单中的问题		
学生签名：	教师签名：	评价日期： 年 月 日	

【课后习题】

1）总结贴片晶体管的识别方法。

2）对比指针万用表和数字万用表的测试方法，简述操作方法及注意事项。

【注意事项】

1）在路测量时，切勿用力压电路板，以免划伤铜箔或造成元器件脱落（若在路测量不准，可拆下后进行测量）。

2）用万用表检测晶体管时，操作要小心，避免过度弯曲和弄断二极管引脚，以免造成不必要的损失。

3.2.3 贴片场效应管的识别与检测

3.2.3.1 目标

1）手机中贴片场效应管器件的作用和特性。

2）手机中贴片场效应管器件的识别方法与检测方法。

3）能根据外形特征识别贴片场效应管器件。

4）熟练使用万用表和示波器进行贴片场效应管器件的检测。

5）根据检测结果进行贴片场效应管器件的故障判断。

3.2.3.2 准备

【必备知识】

（1）场效应管的结构

场效应管与三极管外形相同，但两者控制特性完全不同。三极管是电流控制元件，在一定的条件下，集电极电流 I_c 受控于基极电流 I_b，需要信号源提供一定的电流才能工作；场效应管是电压控制元件，输出电流 I_D 大小受控于输入电压 U_{GS} 的大小，即改变栅极电压 U_{GS}，控制漏极电流 I_D 的大小，基本上不需要信号源提供电流。

由于场效应管的一些特性三极管不具备，如开关速度快、高频特性好、热稳定性好、功率增益大、噪声小、输出阻抗很高等优点，手机中应用的比较多。

场效应管按结构和工作原理不同分为结型和绝缘栅型两大类。

（2）结型场效应管（JFET）

N 型沟道：在一块 N 型半导体材料两侧分别制作一个高浓度的 P 区，形成两个 PN结，两个 P 区各引出一个电极接在一起称为栅极，用 G 表示；在 N 型半导体材料两端各引一个电极，分别称为漏极（D）和源极（S），两个 PN 结中间叫 N 导电沟道。在漏源极加上电压后，N 沟道就是电流的通道。

三个极的名称及作用：栅极相当于三极管的基极；漏极相当于三极管的集电极；源极相当于三极管的发射极。

N 型沟道的 PN 结均处于反偏，栅极相对于源、漏极而言，总处于低电位，加到栅源极之间的电压 U_{GS} 的负偏压越大，导电沟道越窄，漏电流 I_D 越小，负偏压大到一定程度时，导电沟道消失，I_D 为零；反之，负压越小，I_D 越大。

如在一块 P 型半导体两侧分别制作两个 N 区，就称为 P 型沟道结型场效应管，与 N型沟道原理相同，只是所加电压极性相反。手机电路中使用 N 型沟道较多。

（3）绝缘栅型场效应管（MOSFET）

绝缘栅型场效应管的输入阻抗比结型更高，它的栅极与源极、漏极都是绝缘的，故称为绝缘栅型，又因为是由金属绝缘体半导体三层衬料构成，所以称为 MOS 场效应管，按导电沟道不同分为 N 沟道和 P 沟道；按沟道的不同又分增强型和耗尽型。

N 型沟道：漏源极加正向电压，栅源极接正向 U_{GS}，增大 U_{GS} 到一定程度时，产生漏极电流 I_D（没有 U_{GS} 时，$I_D=0$），继续增大 U_{GS}，I_D 增大；减小 U_{GS}，I_D 减小，即 U_{GS}达到控制 I_D 的目的。这种增大 U_{GS}，I_D 才能随之增大的结构称为"增强型"。

P 型沟道结构与 N 型沟道的工作原理相同，只是所加电压极性相反。

耗尽型与增强型不同的是，U_{GS} 可以加正偏压、也可以加负偏压。如 N 型沟道，当$U_{GS}=0$ 时，N 沟道内阻增大，电场变弱，I_D 减小；若加上负压，电场更弱，内阻更大，I_D 更小，如再增大负压，N 型沟道消失，$I_D=0$，所以叫"耗尽型"。

增强型常用作开关管；耗尽型常用作放大管。

P 型沟道绝缘栅场效应管需要加负的栅源电压 U_{GS}；N 型沟道绝缘栅型场效应管需要

加正的栅源电压 U_{GS}。

（4）场效应管在手机电路中的应用

场效应管通常是在模拟电路中用于放大；在电源电路和数字电路中用于开关。

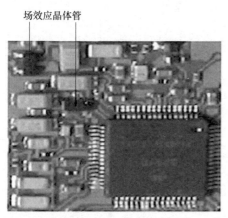

场效应晶体管

图 3-17　手机贴片场效应管实物图

手机电路中使用的场效应管也都是 SMD 器件，而且都是绝缘栅型场效应管（MOS 管），因此，下述的讲解都是围绕 MOS 管。从其外观上来看，这些 MOS 管有三个电极，手机中贴片场效应管的实物如图 3-17 所示。

一般微型贴片场效应管的引脚比较固定，因此对其电极的判断比较简单，只要记清楚引脚顺序即可。方法是以标有字符的一面为正面，逆时针依次为 G、S、D，单独凸出来的那只引脚为漏电极（D）。如不确定，先找出 G 极，则另外两只引脚也就明确了。

但是，外观形状如图 3-17 所示的器件不一定就是 MOS 管，因为贴片晶体管的外形跟场效应管基本相同。将万用表调置 $R \times 10\Omega$（或 $R \times 100\Omega$ 挡），正常情况下 G 与 S、G 与 D 之间的阻值无论如何调换表笔均为无穷大，S 和 D 之间的阻值存在 PN 结的特性（即与二极管的特性相同，正向导通，反向截止）。在路测量时，由于存在与其他元器件的并联，则第一次测得阻值较小，调换表笔后测得阻值较大。若符合以上测量特点，则该管为 MOS 管。

（5）贴片 MOS 管的测量与判断

1）准备工作。测量之前，先把人体对地短路后，才能摸触 MOS 的管脚。最好在手腕上接一条导线与大地连通（或与工作台垫子下面的薄铁板相连接），使人体与大地保持相等的电位。在作业时要求佩戴好静电手腕，并保证接地良好，以防静电损坏元器件。

2）判定电极。

① 指针万用表。将万用表置于 $R \times 10\Omega$（$R \times 100\Omega$ 或 $R \times 1\mathrm{k}\Omega$）挡，首先确定栅极。万用表判断 MOS 管栅极的示意图如图 3-18 所示。若某引脚与其他引脚的电阻都是无穷大，证明此脚就是栅极 G。交换表笔重新测

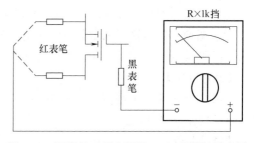

图 3-18　用指针万用表测量 MOS 管栅极示意图

量，S-D 之间的电阻值应为几百欧至几千欧，其中阻值较小的那一次，黑表笔接的是 S 极，红表笔接的是 D 极。

② 数字万用表。利用万用表的二极管挡。若某管脚与其他两脚间的正反压降均大于 2V，即显示"2"，此管脚为栅极 G。再交换表笔测量其余两脚，压降小的那次中，黑表笔接的是 D 极，红表笔接的是 S 极，如图 3-19 所示。

3）检查放大能力（跨导）。用万用表检测 MOS 管放大能力的示意图如图 3-20 所示。将 G 极悬空，黑表笔接 D 极，红表笔接 S 极，然后用手指触摸 G 极，表针应有较大的偏转。

每次测量完毕，G-S 结电容上会充有少量电荷，产生电压 U_{GS}，再接着测量时表针可能不动，此时将 G-S 极间短路一下（将栅-源库存电荷放掉）即可。

4）检测 MOS 管的性能与好坏。如果 MOS 管 R_{GS}（栅极 G 与源极 S 之间的电阻）、R_{GD}（栅极 G 与漏极 D 之间的电阻）两次调换表笔所测得的阻值都很小，则 R_{GS}、

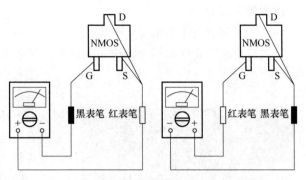

图 3-19　用数字万用表测量 MOS 管栅极示意图

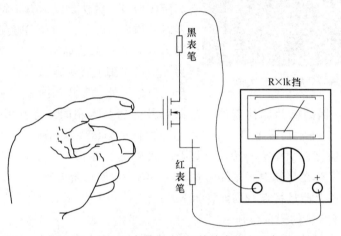

图 3-20　用万用表测量 MOS 管放大能力示意图

R_{GD} 漏电或短路。正常情况下，无论如何调换表笔测量 R_{GS}、R_{GD}，阻值都为无穷大。若 R_{DS}（漏极 D 与源极 S 之间的电阻）两次调换表笔所测得的阻值均较小，正常情况下，R_{DS} 两次调换表笔所测得的阻值有 PN 结特性，说明 D、S 极之间漏电或击穿；若两次所测得的阻值均为无穷大，则 D、S 极内部开路。

【器材准备】

①贴片 MOS 管实物；②手机电路板；③数字万用表/指针万用表；④台灯放大镜；⑤不同颜色的彩色铅笔。

【项目准备】

表 3-18　　　　　　　　　　贴片场效应管的识别与检测项目准备单

序号	具体内容	要点记录
1	图形符号	
2	特性	
3	基本作用	
4	外形颜色	
5	标识方法	
6	测试方法	

3.2.3.3 任务

1）贴片场效应管的识别。

2）用万用表测量贴片场效应管的电阻值，判断三个电极。

3）用万用表检测贴片场效应管的放大能力。

4）用万用表检测贴片场效应管的好坏。

3.2.3.4 行动

【行动要求】

1）采用小组协作法，各小组由组长根据任务进行分工，全体组员共同完成任务单的各项内容。

2）每个小组必须严格遵守任务实施步骤和实验安全操作规范，认真完成元器件的识别与参数测量。

3）遇到疑难问题先进行小组内部的集体分析讨论，探求解决方案，确实无法解答的可以进行组间讨论或向老师请教，老师做好巡回指导，遇到共性问题及时进行解答。

【行动内容】

找一块手机电路板或其他有贴片元器件的电路板，找出一些贴片 MOS 管，要求用两种方法进行测量（拆下 MOS 管单独测量和在路测量），测量 MOS 管 R_{GS}、R_{GD} 和 R_{DS} 的阻值，填写表 3-19。

表 3-19　　　　　　　　　　　　　MOS 管测试表

贴片 MOS 管	单独测量			在路测量		
	R_{GS}	R_{GD}	R_{DS}	R_{GS}	R_{GD}	R_{DS}
MOS 管						
MOS 管						
MOS 管						
MOS 管						

3.2.3.5 评估

【评估目标】 你是否具备了用万用表检测贴片 MOS 管的能力？

【评估标准】 如表 3-20 所示，评估结果用 A＋、A、B、C 来分别表示优秀、良好、合格、不合格。

表 3-20　　　　　　　　　　　　　项目评估用表

评估项目	评估内容	小组自评	教师评估
应知部分	1. 能正确解读贴片场效应管的用途、图形符号及种类 2. 能熟知场效应管的放大特性 3. 在手机电路板上识别贴片场效应管 4. 使用万用表测量贴片场效应管的好坏 5. 小组学习分工明确，合作精神好且能正确填写实训报告		
应会部分	1. 态度端正，团队协作，能积极参与所有行动 2. 主动参与行动，能按时按要求完成各项任务 3. 认真总结，积极发言，能正确解读项目准备单中的问题		
学生签名：	教师签名：	评价日期：　年　月　日	

【课后习题】

1）总结贴片 MOS 管的识别方法。

2）对比指针万用表和数字万用表的测试方法，简述操作方法及注意事项。

【注意事项】

1）由于 MOS 场效应管（包括 MOS 集成电路）的输入电阻很高，而栅-源极间电容又非常小，极易受外界电磁场或静电的感应而带电，而少量电荷就可在极间电容上形成相当高的电压，从而将管子损坏。因此出厂时各管脚都绞合在一起，或装在金属箔内，使 G 极与 S 极呈等电位，防止积累静电荷。管子不用时，全部引线也应短接。在测量时应格外小心，并采取相应的防静电感应措施。

2）MOS 器件在出厂时通常装在黑色的导电泡沫塑料袋中，切勿自己随便拿个塑料袋来装。也可用细铜线把各个引脚连接在一起，或用锡纸包装。

3）取出的 MOS 器件不能在塑料板上滑动，应用金属盘来盛放待用器件。

项目 3.3　特殊元器件的识别与检测

3.3.1　开关元件的识别与检测

3.3.1.1　目标

1）手机中开关元件的作用和特性。

2）能根据外形特征识别开关元件。

3.3.1.2　准备

【必备知识】

开关、干簧管和霍尔元件都是用来控制线路通断的器件。不同的是开关一般是人工手动操作的，而干簧管和霍尔元件则是通过磁信号来控制线路的通和断。

（1）开关（图 3-21、图 3-22）

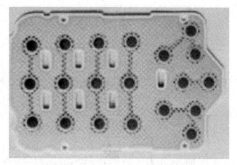

图 3-21　薄膜按键开关实物图

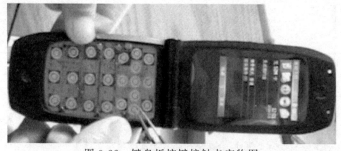

图 3-22　键盘板按键接触点实物图

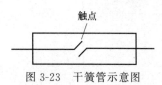

图 3-23　干簧管示意图

（2）干簧管

干簧管又称为磁控管，是利用磁场信号来控制线路的一种开关器件（图 3-23）。

（3）霍尔元件

霍尔元件（传感器）的作用与干簧管一样，工作原理也非常相似，都是在磁场作用下直接产生通与断的动作。霍尔传感器是一种电子元件，其外形封装很像晶体管，其管脚排列如图 3-24 所示。

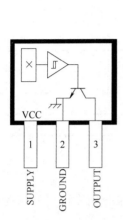

图 3-24 霍尔传感器 A3144
管脚排列示意图

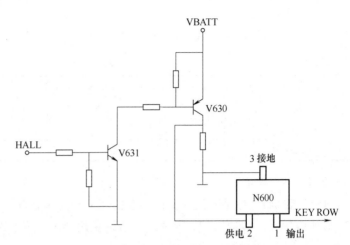

图 3-25 翻盖手机的开关控制电路

如图 3-25 所示，它的内部由霍尔元件、放大器、施密特电路及集电极开路的输出晶体管组成。当磁场作用于霍尔元件时产生微小的电压，经放大器放大并经施密特电路后使晶体管导通，从而输出低电平；当无磁场作用时晶体管截止，输出为高电平。

相对于干簧管来说，霍尔传感器的寿命较长，不易损坏，且对振动及加速度不敏感，作用时开关时间较快，一般为 0.1~2ms，较干簧管的 1~3ms 要快得多。

【器材准备】

①手机电路板；②台灯放大镜；③不同颜色的彩色铅笔。

【项目准备】

表 3-21　　　　　　　　　　　开关元件的识别与检测项目准备单

序号	具体内容	外观	作用
1	开关		
2	干簧管		
3	霍尔传感器		

3.3.1.3　任务

1）识别手机中的开关元件。

2）区分各元件的管脚和功能，找到在手机中的位置。

3.3.1.4　行动

【行动要求】

1）采用小组协作法，各小组由组长根据任务进行分工，全体组员共同完成任务单的各项内容。

2）每个小组必须严格遵守任务实施步骤和实验安全操作规范，认真完成元器件的识别与参数测量。

3）遇到疑难问题先进行小组内部的集体分析讨论，探求解决方案，确实无法解答的可以进行组间讨论或向老师请教，老师做好巡回指导，遇到共性问题及时进行解答。

【行动内容】

在手机电路板设备中找出一些如上所述对应的元器件，填写表 3-22。

表 3-22 开关元件识别

元件名称	型号	外观	位置	管脚分布
开关				
干簧管				
霍尔传感器				

3.3.1.5　评估

【评估目标】　你是否具备了识别手机开关元件的能力？

【评估标准】　如表 3-23 所示，评估结果用 A＋、A、B、C 来分别表示优秀、良好、合格、不合格。

表 3-23 项目评估用表

评估项目	评估内容	小组自评	教师评估
应知部分	1. 能正确解读几种开关元件的用途、图形符号及种类 2. 在手机电路板上识别常见的几种开关元件 3. 小组学习分工明确,合作精神好且能正确填写实训报告		
应会部分	1. 态度端正,团队协作,能积极参与所有行动 2. 主动参与行动,能按时按要求完成各项任务 3. 认真总结,积极发言,能正确解读项目准备单中的问题		
学生签名:	教师签名:	评价日期: 年 月 日	

【课后习题】

1）总结开关元件的用途及识别方法。

2）对比不同厂商、型号的手机的开关元件型号、位置。

3.3.2　电声器件的识别与检测

3.3.2.1　目标

1）手机中电声器件的作用和特性。

2）能根据外形特征识别电声器件。

3）熟练使用万用表和示波器进行电声器件的检测。

4）根据检测结果进行电声器件的故障判断。

3.3.2.2　准备

【必备知识】

电声器件就是将电信号转换为声音信号或将声音信号转换为电信号的器件，包括扬声器、耳机、振铃、送话器等。电动器件主要是指手机的振动器（即振子）。

（1）受话器

受话器是一个电声转换器件，它将模拟的话音电信号转化成声波。受话器又称为听筒、喇叭、扬声器等。受话器通常用字母 SPK、SPEAKER 及 EAR 和 EARPHONE 等表示。受话器实物图如图 3-26 所示。

[MR1005F03201]　[MR1506F03200]　[MR1506F03206]　[MR1506-15]

[MR1506-028]　[MR1506F-01]　[MR08-01]　[MR08-04]

[MR10-05]　[MR10-26]　[MR13-06]　[MR13-22]

图 3-26　不同型号受话器实物图

（2）振铃

手机的振铃（也称蜂鸣器）一般是一个动圈式小喇叭，也是一种电声器件，其电阻在十几欧到几十欧。

手机的按键音一般是由振铃发出的，有人错误地认为手机的按键音是由听筒发出的，在维修"听不到对方讲话，但手机有按键音"的故障时感到比较疑惑，其原因就在于此。振铃一般用字母 BUZZ 表示。振铃器的实物图如图 3-27 所示。

在判断振铃器的好坏时，除了用与受话器相同的电阻法以外，也可以将稳压电源输出电压调到 1～2V，频繁地去碰触振铃器接点，正常时应有明显的"咯咯"声。

（3）耳机

耳机是缩小了的扬声器。它的体积和功率都比扬声器要小，所以它可以直接塞入人们的耳朵里进行收听，这样可以避免外界干扰，也避免了影响他人。耳机的性能指标也是音圈阻抗和额定功率，一般不需要考虑它的功率，只要音圈阻抗匹配就可以使用了。

（4）送话器

送话器是用来将声音转换为电信号的一种器件，它将语音信号转化为模拟的语音电信号。送话器又称为麦克风、微音器、拾音器等。送话器用字母 MIC 或 Microphone 表示。

图 3-27　振铃器实物图

在手机电路中广泛应用的是驻极体送话器，驻极体送话器实际上是利用一个驻有永久电荷的薄膜（驻极体）和一个金属片构成的一个电容器。当薄膜感受到声音而振动时，这个电容器的容量会随着声音的振动而改变。送话器的实物图如图 3-28 所示。

有一种简单的方法可以判断送话器是否损坏：将指针式万用表的黑表笔接在送话器的正极，红表笔接在送话器的负极（万用表挡位在 R×100Ω 挡），对着送话器说话，应可以看到万用表的读数明显发生变化或指针摆动。送话器好坏测量的示意图如图 3-29 所示。

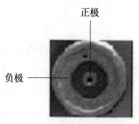

图 3-28　送话器实物图

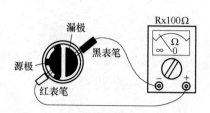

图 3-29　送话器好坏测量示意图

【器材准备】

①手机电路板；②台灯放大镜；③不同颜色的彩色铅笔。

【项目准备】

表 3-24　　　　　　　　　　　　电声器件的识别与检测项目准备单

序号	具体内容	外观	作用
1	受话器		
2	振铃		
3	耳机		
4	送话器		

3.3.2.3　任务

1）识别手机中的电声元件。

2）区分各元件的管脚和功能，找到在手机中的位置。

3.3.2.4　行动

【行动要求】

1）采用小组协作法，各小组由组长根据任务进行分工，全体组员共同完成任务单的各项内容。

2）每个小组必须严格遵守任务实施步骤和实验安全操作规范，认真完成元器件的识别与参数测量。

3）遇到疑难问题先进行小组内部的集体分析讨论，探求解决方案，确实无法解答的可以进行组间讨论或向老师请教，老师做好巡回指导，遇到共性问题及时进行解答。

【行动内容】

在手机电路板设备中找出一些如上所述对应的元器件，填写表 3-25。

表 3-25　　　　　　　　　　　　电声元件识别

元件名称	型号	外观	位置	管脚分布
受话器				
振铃				
耳机				
送话器				

3.3.2.5 评估

【评估目标】 你是否具备了识别手机电声器件的能力?

【评估标准】 如表 3-26 所示,评估结果用 A+、A、B、C 来分别表示优秀、良好、合格、不合格。

表 3-26 项目评估用表

评估项目	评估内容	小组自评	教师评估
应知部分	1. 能正确解读几种电声器件的用途、图形符号及种类 2. 在手机电路板上识别常见的几种电声器件 3. 能用万用表检测电声器件的好坏 4. 小组学习分工明确,合作精神好且能正确填写实训报告		
应会部分	1. 态度端正,团队协作,能积极参与所有行动 2. 主动参与行动,能按时按要求完成各项任务 3. 认真总结,积极发言,能正确解读项目准备单中的问题		
学生签名:	教师签名:	评价日期: 年 月 日	

3.3.3 滤波器的识别与检测

3.3.3.1 目标

1)手机中滤波器的作用和特性。

2)能根据外形特征识别滤波器。

3.3.3.2 准备

【必备知识】

(1)滤波器的作用

它能选出我们所需要的频率信号,滤除不需要的频率信号。滤波器由集总参数元件 R、L、C 构成或其等效电路构成。在手机电路中,滤波器所起的作用简单地说就是,允许或不允许某信号通过。若将滤波器比作一个筛子,则它要么是将有用的信号筛选出来,要么是将无用的信号过滤出去,取出需要的信号。

(2)特点

对某个频率范围的信号易通过,这个频率范围以外的其他信号衰减很大。

(3)滤波器的分类

自第一个 LC 滤波器问世以来,滤波器已有几十年的历史,如今有许多新型的滤波器。用于手机中的有晶体滤波器、陶瓷滤波器、微带滤波器及介质谐振滤波器等,如图 3-30 所示。

(4)常用滤波器

1)双工滤波器。手机是一个双工收发信机(含接收机和发射机),它有接收、发射信号的功能。GSM 手机既可用双工滤波器来分离发射与接收信号,又可以用天线开关电路来分离发射与接收信号。

双工滤波器在其表面上一般有"TX"(发射)、"RX"(接收)及"ANT"(天线)字样。双工滤波器有时也称为"收发合成器""合路器"等。现在一些手机的天线开关电路

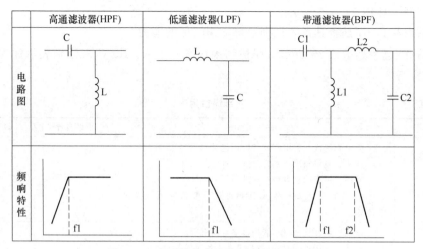

图 3-30 滤波器电路及其频率特性曲线图

采用了双信器，实际上是一种带开关功能的双工滤波器。

在手机的双工滤波器中常采用由多个介质谐振滤波器构成的叉指状或梳状的介质谐振滤波器，它由一个介质谐振腔构成，具有工作频率高、Q 值很高、选择性能好的特点。介质谐振滤波器可由四钛酸钡等无机材料制成。当然，也有一些手机分别使用接收与发射滤波器。

在更换这种双工滤波器时应注意焊接技巧，否则，可能将双工滤波器损坏。双工滤波器实物图如图 3-31 所示。

2）射频滤波器。射频滤波器通常用在手机接收电路的低噪声放大器、天线输入电路及发射机输出电路部分。它是一个带通滤波器，接收机滤波器只允许 GSM（DCS）接收频段的信号通过；发射滤波器只允许 GSM（DCS）发射频段的信号通过。当然，射频滤波器还有很多种，但不管其形状

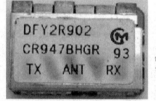

图 3-31 双工滤波器实物图

或材料如何，所起的作用大都如此。射频滤波器实物图如图 3-32 所示。

3）中频滤波器。中频滤波器在手机电路中很重要，它对接收机的性能影响很大。不同的手机，中频滤波器可能不一样。通常来说，接收电路的第一混频器后面的中频滤波器较大，第二中频滤波器较小。如一部手机的接收电路有两

图 3-32 射频滤波器实物图

个中频，则第二中频滤波器通常对接收电路的性能影响更大，它的损坏会造成手机无接收、接收差等故障。中频滤波器实物图如图 3-33 所示。

4）滤波器的结构

下面简要介绍手机中常见的射频滤波器、中频滤波器的结构。按输入、输出方式来分

主要有以下几种形式。

　　① 单脚输入单脚输出结构。

　　② 单脚输入双脚输出结构。

　　③ 双路输入双路输出结构。

【器材准备】

　　① 手机电路板；② 台灯放大镜；③ 不同颜色的彩色铅笔。

图 3-33　中频滤波器实物图

【项目准备】

表 3-27　　　　　　　　　　　　　　　　滤波器的识别与检测项目准备单

序号	具体内容	外观	作用
1	双工滤波器		
2	射频滤波器		
3	中频滤波器		

3.3.3.3　任务

1）识别手机中的各种滤波器。

2）区分管脚和功能，找到在手机中的位置。

3.3.3.4　行动

【行动要求】

1）采用小组协作法，各小组由组长根据任务进行分工，全体组员共同完成任务单的各项内容。

2）每个小组必须严格遵守任务实施步骤和实验安全操作规范，认真完成元器件的识别与参数测量。

3）遇到疑难问题先进行小组内部的集体分析讨论，探求解决方案，确实无法解答的可以进行组间讨论或向老师请教，老师做好巡回指导，遇到共性问题及时进行解答。

【行动内容】

在手机电路板设备中找出一些如上所述对应的元器件，填写表 3-28。

表 3-28　　　　　　　　　　　　　　　　滤波器识别

元件名称	型号	外观	位置	管脚分布
双工滤波器				
射频滤波器				
中频滤波器				

3.3.3.5　评估

【评估目标】　你是否具备了识别手机滤波器的能力？

【评估标准】　如表 3-29 所示，评估结果用 A＋、A、B、C 来分别表示优秀、良好、合格、不合格。

表 3-29　　　　　　　　　　　　　项目评估用表

评估项目	评估内容	小组自评	教师评估
应知部分	1. 能正确解读几种滤波器的用途、图形符号及种类 2. 在手机电路板上识别常见的几种滤波器 3. 小组学习分工明确,合作精神好且能正确填写实训报告		
应会部分	1. 态度端正,团队协作,能积极参与所有行动 2. 主动参与行动,能按时按要求完成各项任务 3. 认真总结,积极发言,能正确解读项目准备单中的问题		
学生签名:	教师签名:	评价日期:　　年　　月　　日	

【课后习题】

1）总结滤波器的用途及识别方法。

2）对比不同厂商、型号的滤波器型号、位置。

3.3.4　其他特殊元器件的识别与检测

3.3.4.1　目标

1）手机中其他特殊元器件的作用和特性。

2）能根据外形特征识别其他特殊元器件。

3.3.4.2　准备

【必备知识】

手机特殊元器件主要包括手机主板、电源电路、晶振和 VCO 组件、天线和地线、电致发光板、SIM 卡座、电池接口座、液晶显示器、手机电路中的集成电路、摄像头、音频放大器等。

（1）认识手机主板

1）揭开主板上的屏蔽罩。拆开手机后,可以看到主板上有许多的金属屏蔽罩,这些屏蔽罩起电磁屏蔽的作用,防止电磁干扰。有的屏蔽罩是扣住的,可以用镊子取下,有的是焊接在主板上的,要用热风枪拆焊才能取下来。取下屏蔽罩之后,诺基亚 N70 型手机的主板正面、反面如图 3-34、图 3-35 所示。

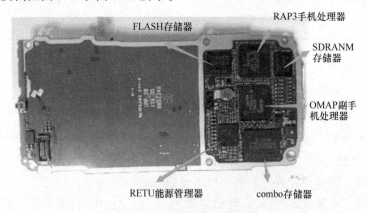

图 3-34　手机主板正面图

2）如何找到主板上的CPU和存储器。找主板上的CPU和存储器有以下几种方法：

依据芯片大小：主板上的CPU（中央处理器）一般来说是最大的芯片，而且CPU和存储器的位置比较近（因为CPU和存储器之间联系紧密，连线很多）。

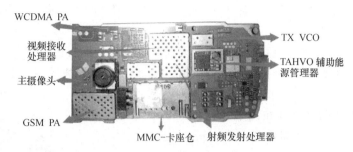

图 3-35　手机主板反面图

依据芯片型号：手机的品牌很多，但手机CPU芯片的类型不是很多。国外手机常见的CPU型号如图3-36所示。国产手机常见的CPU型号如图3-37所示。

早期M机D74系列CPU

目前M机多功能SC系列CPU

目前M机多功能SKY系列CPU

早期三星OF系列CPU

早期N机V16系列CPU

目前N机多功能V822系列CPU

目前N机多功能V826系列CPU

目前三星OM系列CPU

图 3-36　国外手机常见的 CPU 型号

AD芯片　　　　英飞凌芯片　　　　OM芯片　　　　TI芯片

MT芯片　　　QUALCOMM芯片　　　ARM芯片　　　博通芯片

图 3-37　国产手机常见的 CPU 型号

早期的手机一般只有一个CPU，但现在的手机很多都有两个CPU，一个主CPU，一个副CPU。

3）确定主板上的其他主要模块。电源模块的识别：电源模块连接手机电池，经电源模块变换电压后为手机各部分供电，因此电源模块周围有很多较大的电容，起电源滤波的作用。一部手机的电源模块可能不止一个，诺基亚N70型手机的主电源模块如图3-38所示。

（2）手机电源电路

1）手机电源电路的作用是向手机各部分电路提供合适的工作电压或工作电流。尽管各个厂家生产的每一种手机其电源电路各不相同，使用的元件也千差万别，但都具有以下共性：

① 提供给各单元电路工作电源应是没有波动的直流电，不应叠加有变化的交流成分。用示波器观测电源电压波形应是一条水平直线，若有波动则不符合手机的供电要求。

② 手机通常使用2.4～4.8V的充电电池，电池的正电源（VBATT）是整机供电的源头，通常要经过电子开关后，才送到稳压电路或单元电路。

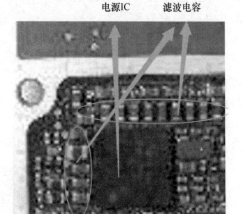

电源IC　　　滤波电容

图3-38　诺基亚N70型手机的主电源模块

③ 为避免射频部分的高频干扰，射频部分与逻辑/音频部分的供电是相互独立的，由稳压电路的不同组电源分别供电，不可能同一组电源既给射频电路供电，又给逻辑电路供电。

GSM手机的电源部分一般是由电源切换电路、直流稳压供电电路、电池充电电路和负电压产生电路所组成。分析电源电路时，首先要搞清楚机内电池供电与外接电源供电的基本通路。

其次，要了解整机有多少路工作电源输出，分别为何单元电路供电，电压值是多少。最后，要了解手机的开关机键（ON/OFF）的基本控制形式。

2）电源切换电路的功能是实现机内电池供电与外接电源供电的切换。无外接电源时，由机内电池供电；当话机外接电源时，机内电池不供电，由外接电源供电。

手机的直流供电电路通常由机内电池BATT＋供电，输出整机各单元电路所需的直流电压。直流供电电路一般由电源稳压模块构成。摩托罗拉V998、I2000型，爱立信T28型，诺基亚3210、8850型等，这类机型的开关机键（ON/OFF）一般接在电源稳压模块的一引脚上，该引脚称为开机触发端。按下开关机键，触发该引脚，进而触发电源稳压模块工作，送出各路电压，让手机正常开机。另有些手机如爱立信GF788/T18/A1018型等的直流供电电路由几只稳压管构成，这类机型的开关机键（ON/OFF）一般接在开机二极管或晶体管的一端，由这些二极管或晶体管的导通来控制各稳压管的启动，输出各组电压，而且微处理器在通过开机程序后，送出开机维持信号，让手机维持开机状态。

3）电池充电电路。手机使用的是充电电池，当电池电压下降到较低时，需要对电池进行充电。手机的充电电路主要由电池电量检测器与充电控制器两部分组成，其作用是检测机内电池电量，并控制外接电源对机内电池的充电。

4）负电压产生电路。部分 GSM 手机（如摩托罗拉 cd928、V988、I2000）的电源部分有负电压产生电路，用于产生一个负极性的电源电压，供显示屏射频功率放大器、天线切换开关电路和双频切换开关电路等使用。但有的手机（如爱立信 T18、T28，诺基亚 3210、88108850）其显示屏、射频功率放大器等电路不需负电压供电，所以没有负电压产生电路。

负电压产生电路的工作原理基本一样，都是利用电容的充放电产生负电压。

在手机电路故障中，电源电路故障占有相当大的份额。由于电源电路为整机各部分电路供电，一旦它出现故障，就会使整机或局部电路工作不正常，从而导致手机无法正常使用。因此，当手机出现故障时，应首先检查相对应的单元电路供电是否正常，其次再查单元电路本身的问题。

（3）晶振和 VCO 组件

13MHz 或者 26MHz 基准时钟 VCO 结构图和实物图如图 3-39 所示。13MHz 晶体实物图和电路符号如图 3-40 所示。

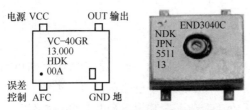

图 3-39 13MHz 或者 26MHz 基准时钟 VCO 结构图和实物图

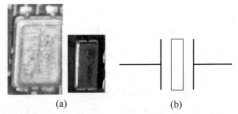

图 3-40 13MHz 晶体实物图和电路符号

1）本振 VCO 组件构成概述。在手机射频电路中，除 13MHz VCO 外，还有第一本机振荡 VCO（UHFVCO、RXVCO、RFVCO）、第二本机振荡 VCO（IFVCO、VHFVCO）、发射 VCO（TXVCO）等。构成 VCO 电路的元器件包含电阻、电容、晶体管、变容二极管等。VCO 组件将这些电路元器件封装在一个屏蔽罩内，消除了外界因素对 VCO 电路的干扰。VCO 组件一般有 4 个引脚，分别是输出端、电源端、控制端及接地端。本机振荡 VCO 组件结构及实物分别如图 3-41 所示。

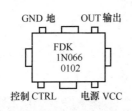

图 3-41 本振 VCO 结构图和实物图

2）一本振、二本振 VCO 引脚识别技巧。各品牌手机一、二本振的原理是一样的，但各厂家生产的 VCO 引脚顺序不一定相同，也没有什么固定的规律。我们可以借助示波器及万用表等相关仪器仪表去测量，配合目检法找出引脚的规律。

3）TXVCO 组件。它与一、二本振基本相同，不同之处是它的供电脚在接收状态下（待机状态）是没有供电的，发射时才有电压。按 "112" 启动发射时，该端口有脉冲控制信号。控制脚在发射状态时有 2V 左右平滑的脉冲直流电压。接地端的对地电阻为 0Ω，电源端的电压与该机的射频电压很接近。控制端接有电阻或电感，余下的便是输出端。

(4) 天线和地线

1) 天线。手机天线既是接收机天线又是发射机天线。由于手机工作在 900MHz 或 1800MHz 的高频段上，所以其天线体积可以很小。天线分为接收天线与发射天线。把高频电磁波转化为高频信号电流的导体就是接收天线，把高频信号电流转化为高频电磁波辐射出去的导体就是发射天线。在电路图上天线通常用字母"ANT"表示。

2) 地线。电路中的地线是一个特定的概念，它不同于其他的器件，实际上找不出"地线"这么一个器件，它只是一个电压参考点。在电路图中经常用到的地线电路符号有两种，如图 3-42 所示。按国标来说，图 3-42 (a) 所示一般是和大地相连的地线的电路符号；而图 3-42 (b) 所示则是上面所说作为参考点的地线的电路符号。目前所看到的手机电路图中，这两种地线符号都有，以图 3-42 (a) 使用的较多。在实际的电路板上，一般情况下，大片的铜皮都是"地"。地线实物图如图 3-43 所示。

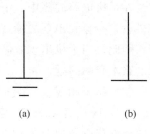

(a)   (b)

图 3-42　地线符号

(5) 电致发光板

电致发光 (Electroluminescent)，又可称电场发光，简称 EL，是通过加在两电极的电压产生电场，被电场激发的电子碰击发光中心，而引致电子解级的跃进、变化、复合导致发光的一种物理现象。电致发光物料的例子包括掺杂了铜和银的硫化锌和蓝色钻石。目前电致发光的研究方向主要为有机材料的应用。

电致发光板是以电致发光原理工作的。电致发光板是一种发光器件，简称冷光片、EL 灯、EL 发光片或 EL 冷光片，它由背面电极层、绝缘层、发光层、透明电极层和表面保护膜组成，利用发光材料在电场作用下产生光的特性，将电能转换为光能，如图 3-44 所示。

地线

图 3-43　手机板中地线实物图

图 3-44　电致发光板

(6) SIM 卡座 (图 3-45)

SIM 卡是 (Subscriber Identity Module 客户识别模块) 的缩写，也称为用户身份识别卡、智能卡，GSM 数字移动电话机必须装上此卡方能使用。它在一张电脑芯片上存储

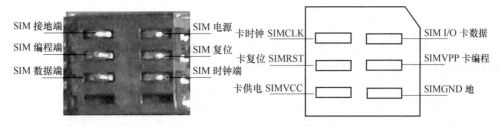

图 3-45 SIM 卡座实物图与脚位功能图

了数字移动电话客户的信息，加密的密钥以及用户的电话簿等内容，可供移动网络客户身份进行鉴别，并对客户通话时的语音信息进行加密。SIM 卡座即为手机中插入 SIM 卡并进行识别的器件。

（7）电池接口座

图 3-46 电池接口座

手机电池接口座焊接在主板上，用于与手机电池连接，其外形如图 3-46 所示。它一般有三个或四个簧片触点，除连接电池正、负极外，其他的触点用于电池身份识别或温度检查。

（8）液晶显示器

1）液晶显示器的分类。手机上的显示器使用 LCD（液晶显示器）。LCD 显示器耗电小，能显示文字、图形及符号。显示器通常是一个模组，用专用的芯片来驱动。LCD 显示器实物图如图 3-47 所示。

在手机电路中，常使用两种方法来将 LCD 连接到相应的电路：一种是使用软导电排线；另外一种是使用导电橡胶。

2）液晶显示器的工作原理。手机液晶模块都是一种高度集成化的产物，其驱动方式主要有并口型（如摩托罗拉 L2000 的显示器）和串口型（如诺基亚系列手机的显示器）。

图 3-47 液晶显示器实物图

并口型液晶中的 D0～D7、ADR-LCD、RW 等信号和串口型液晶中的 SCL、SDA 功能一致，这些都是由主板上 CPU 输出的，用来控制手机的开屏、关屏、显示字符等。在串口型液晶中，显示器接口一般还有一个 VLCD 负压供电端（如 V998 显示屏的负压供电为-5V），用于调节液晶显示的对比度，根据具体模块有不同的控制电压，显示器接口的 VCC（VDD）为供电端，GND（VSS）为接地端。

液晶显示器的工作原理是：液晶控制器接收 CPU 发过来的显示指令和数据，经分析判断、存储，按一定的时钟速度将显示的点阵信息输出至行和列驱动器进行扫描，以大于 75Hz 每帧的速率更新一次屏幕，则人眼在外界光的反射下，就感觉到液晶的屏幕上出现了显示内容。

（9）手机电路中的集成电路

集成电路用字母 IC 表示，手机电路中使用的集成电路多种多样，有电源 IC、CPU（微处理器）、中频 IC、锁相环 IC 等。IC 的封装形式多种多样，通常应用表面安装的有小外形封装、四方扁平封装和栅格阵列引脚封装等。

1）小外形封装。小外形封装又称 SOP 封装，其引脚数目在 28 之下，引脚分布在两边，手机电路中的码片、字库、电子开关、频率合成器、功放等集成电路常采用这种 SOP 封装。SOP 封装实物图如图 3-48 所示。

2）四方扁平封装。四方扁平封装又称 QFP 封装，其实物图如图 3-49 所示。四方扁平封装适用于高频电路中引脚较多的模块。简单的 QFP 封装，四边都有引脚，其引脚数目一般为 20 以上。许多中频模块、数据处理器、音频模块、微处理器、电源模块等都采用 QFP 封装。

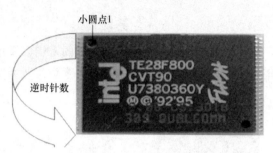

图 3-48　SOP 封装

判断 IC 脚的方法是：将 IC 上的标记（有一个小圆点）放在左下角，按逆时针方向数。若 IC 上没有标记点，将 IC 上的文字放正，同样是从左下角开始按逆时针方向数。

图 3-49　四方扁平封装

图 3-50　BGA 封装管脚图

3）栅格阵列引脚封装。栅格阵列引脚封装又称 BGA 封装，是一个多层的芯片载体封装，这类封装的引脚在集成电路的"肚皮"底部。BGA 封装引脚的分布图如图 3-50 所示。由于引线是以阵列的形式排列的，所以引脚的数目远远超过分布在封装外围的引脚封装的数目。利用阵列式封装，可以省去电路板多达 70% 的位置。BGA 封装充分利用封装的整个底部来与电路板互连，而且用的不是普通引脚，而是焊锡球，这样就缩短了互连的距离，因此，BGA 集成电路在手机电路中得到了广泛应用。由于 BGA 封装形式的 IC 引脚在芯片的底部，所以在维修时一般难以确定其脚位。

（10）摄像头

镜头（LENS）：镜头由几片透镜组成，有塑胶透镜或玻璃透镜。手机摄像头的构造如图 3-51 所示。

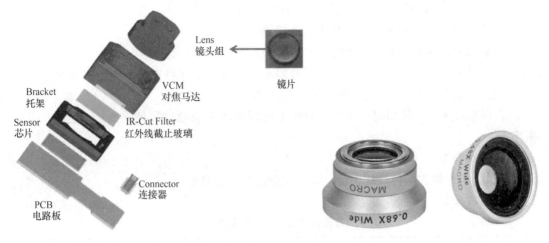

图 3-51 手机摄像头构造图   图 3-52 手机摄像头

光通过镜头传输到手机内部，镜头可以控制光的通过量，如图 3-52 所示。

1）图像传感器（SENSOR）是一种半导体芯片，其表面包含有几十万到几百万的光电二极管。光电二极管受到光照射时，就会产生电荷。传感器分为 CCD 和 CMOS，市面上的手机用的一般都是 CMOS，如图 3-53 所示。

2）数字信号处理芯片（DSP）是网络摄像头的大脑，如图 3-54 所示，效果相当于计算机里的 CPU，它的功能主要是通过一系列复杂的数学算法运算，对由 CMOS 传感器传来的数字图像信号进行优化处理，并把处理后的信号通过 USB 等接口传到 PC 等设备，是网络摄像头的核心装置。

图 3-53 图像传感器

图 3-54 数字信号处理芯片

（11）手机常用音频放大器

1）目前手机设计中音频放大器有 A、B 类放大器，也有 D 类，主要的生产厂家有美国国家半导体公司（NS）、美国德州仪器（TI）、意法半导体公司（ST）、美国安森美公司（ONSEMI），其中 NCP2890 和 NCP2809 为美国安森美公司产品，LM4890 和 LM4911 为美国国家半导体公司产品，TS4890 为意法半导体公司产品，TPA6203A1 为美国德州仪器的产品，MAX4410为美信公司产品（MAXIM）。

2）手机设计中音频放大器选用的几点建议。

① 采用了全差分输入及输出的音频功率放大器，提高电源抑制比。

② 尽量采用效率高、功耗低、内部升温小的设计，这样可以延长电池和芯片的使用寿命。在有限带宽设计时，建议使用 D 类放大器。

③ 音频放大器在使用时一定要注意供电电源电压不能超过其极限值，以免造成芯片损坏。

【器材准备】

①手机电路板；②台灯放大镜；③不同颜色的彩色铅笔。

【项目准备】

表 3-30 　　　　　　　　　　其他特殊元器件的识别与检测项目准备单

序号	具体内容	外观	作用
1	手机主板		
2	电源电路		
3	晶振和 VCO		
4	天线、地线		
5	电致发光板		
6	SIM 卡座		
7	电池接口座		
8	液晶显示器		
9	集成电路		
10	摄像头		
11	音频放大器		

3.3.4.3 任务

1）识别手机中的其他特殊元器件。

2）区分管脚和功能，找到在手机中的位置。

3.3.4.4 行动

【行动要求】

1）采用小组协作法，各小组由组长根据任务进行分工，全体组员共同完成任务单的各项内容。

2）每个小组必须严格遵守任务实施步骤和实验安全操作规范，认真完成元器件的识别与参数测量。

3）遇到疑难问题先进行小组内部的集体分析讨论，探求解决方案，确实无法解答的可以进行组间讨论或向老师请教，老师做好巡回指导，遇到共性问题及时进行解答。

【行动内容】

在手机电路板设备中找出一些如上所述对应的元器件，填写表 3-31。

表 3-31   特殊元器件识别

元件名称	型号	外观	位置	管脚分布
手机主板				
电源电路				
晶振和 VCO 组件				
天线、地线				
电致发光板				
SIM 卡座				
电池接口座				
液晶显示器				
集成电路				
摄像头				
音频放大器				

3.3.4.5 评估

【评估目标】 你是否具备了识别手机特殊元器件的能力？

【评估标准】 如表 3-32 所示，评估结果用 A＋、A、B、C 来分别表示优秀、良好、合格、不合格。

表 3-32   项目评估用表

评估项目	评估内容	小组自评	教师评估
应知部分	1. 能正确解读其他特殊元器件的用途、图形符号及种类 2. 在手机电路板上识别常见的其他特殊元器件 3. 小组学习分工明确，合作精神好且能正确填写实训报告		
应会部分	1. 态度端正，团队协作，能积极参与所有行动 2. 主动参与行动，能按时按要求完成各项任务 3. 认真总结，积极发言，能正确解读项目准备单中的问题		
学生签名：	教师签名：	评价日期： 年 月 日	

【课后习题】

1）总结其他特殊元器件的用途及识别方法。

2）对比不同厂商、型号的其他特殊元器件的型号、位置。

模块4

常用元器件的拆焊与植锡

 模块描述

在手机维修中，常常需要我们对电路板上的元件进行更换。能够熟练地对手机主板上的各类元件使用不同的方法技巧进行拆焊和植锡，是作为一名手机维修人员进行手机维修维护的基本能力。

作为手机维修人员，要根据不同特点的元件采用正确的方法技巧进行拆焊。手机电路板上的元件大致分成三类：独立的电阻、电容、二极管、三极管等 SMD 小元件或小组件；集成度较高的多引脚元件；塑封元件和接口部件，这三类元件在拆焊过程中均有各自的特点，本模块主要讲授三类元件的拆焊方法技巧，各类工具的使用，以及 BGA（球栅阵列封装）型封装集成模块进行拆焊与植锡处理，并通过练习熟练掌握拆焊与植锡的技巧。

 能力目标

1. 具有严谨细心的安全操作的素质。
2. 掌握各类拆焊工具的使用。
3. 熟练掌握各类元件的拆焊方法技巧。
4. 熟练掌握 BGA（球栅阵列封装）型元件的植锡方法技巧。
5. 具备团队协作、资料收集和自我学习的能力。

项目 4.1　贴片小元件与小组件的焊接技术

4.1.1　目标

1）了解常用焊接工具的性能和特点。
2）掌握常用焊接工具的操作方法及焊接技巧。
3）会动手拆焊 SMD 贴片小元件。

4.1.2　准备

【必备知识】

拆焊用主要工具：

扫码观看

教学视频

（1）热风枪的原理及使用

1）热风枪的结构。热风枪是一种贴片元件和贴片集成电路的拆焊、焊接工具，使用时通常选择具有噪声小、气流稳定，热量、风量可调的热风枪。

热风枪的硬件主要由加热器、温度控制旋钮、加热器指示灯、气泵、风量控制旋钮、气流指示灯、电源及电源开关组成，其手柄组件采用消除静电材料制造，可以有效地防止静电干扰。

HAKKO-850 热风枪的结构如图 4-1所示。

SMC/SMD 焊接用的专用风筒如图 4-2所示。

2）热风枪拆卸元件的操作步骤。

① 将电源线插入电源插座，自动送气功能开始送气。

② 自动送气功能工作时，即可接通电源，加热器开始加热。

③ 调节风量控制旋钮和温度控制旋钮，使面板上的温度指示稳定在 300～400℃范围

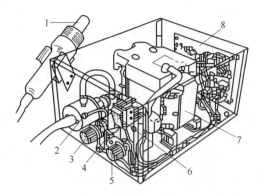

图 4-1　HAKKO-850 热风枪的结构图
1—加热器　2—气流指示灯　3—吹风控制旋钮
4—加热器指示灯　5—温度控制钮　6—电源开关
7—气泵　8—电源

内。风量在 2～5 挡，视风筒大小而定，当采用小头风筒，为避免吹跑元器件，风量旋钮宜选用 2～3 挡；去掉小头改用大头风筒送风时，宜选用 3～5 挡。当元件较为密集时，为防止非拆焊元件被吹走，可用湿润的纸巾盖住。

④ 手握加热器，如图 4-3 所示，对待拆元器件进行加热，熔化钎焊料。

图 4-2　SMC/SMD 焊接用的专用风筒图

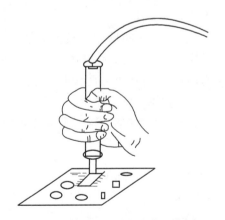

图 4-3　手握热风枪的姿势示意图

⑤ 估计钎焊料熔化后，移开加热器，即可取除元器件。

⑥ 关掉电源开关，自动送气功能开始经管道送气，以冷却加热器和手柄。

⑦ 自动断电后，拔掉电源插头，拆卸结束。

3）热风枪焊接元件的操作步骤。

① 用手指钳夹住欲焊接的小型元器件，放置到焊接的位置，注意要放正，不可偏离焊点。若焊点上焊锡不足，可用电烙铁在焊点上加注少许焊锡。

② 打开热风枪，调节热风枪温度开关在 2～3 挡，风速开关在 1～2 挡，使热风枪的喷头与欲焊接的元器件保持垂直，距离为 2～3cm，均匀加热。待元器件周围焊锡熔化后移走热风枪喷头。

③ 焊锡冷却后移走手指钳。用无水酒精将元器件周围的松香清理干净。

4）热风枪简单操作的三步理论。

第一步：按热风枪的使用要求进行拆焊，利用手机的旧机板进行练习。

给热风枪通电，调节温度和风量，隔 2.5cm 左右，垂直对准报纸吹，通过观察报纸的颜色是否发黄，多久时间发黄，以此判断热风枪通电是否正常。

第二步：焊接过程。

① 吹芯片时，引脚表面要加少量助焊剂。加热某一个元件时，要注意不被加热而损坏，可用遮掩等方法采取保护措施。还要注意检查被加热元件位置的另一面是否有容易被高温损坏的元件。

② 注意引脚序号，以便正确焊接元件。加热元件时，应该对该元件周围进行预热，防止电路板起泡和电路板产生热胀冷缩。加热中，应用镊子夹着芯片，以保证焊锡熔化时，能及时提起芯片。提示：焊锡熔化的温度，不会损坏元件。

③ 焊锡熔化时，用镊子将芯片轻轻提起，防止焊锡将焊盘短路。应尽量在焊锡充分熔化后提起芯片，防止芯片引脚带起铜箔，损坏电路板。焊接时加助焊剂，用镊子轻轻向下压元件，不要太用力压元件。

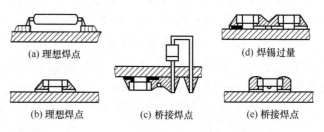

图 4-4　SMD/SMC 焊点质量判别

第三步：先拆除旧机板上的集成块和贴片元件，按如图 4-4 所示的 SMD/SMC 焊点质量判别的要求把元件再焊上去，反复拆装 3～5 次以上直到熟练为止。

（2）恒温烙铁的原理及使用

1）恒温烙铁的结构。手机的元件采用表面贴装工艺，元器件体积小，集成化很高，印制电路精细，焊盘小。更换电路板上的元件，需要使用电烙铁，且对它的要求也很高。若电烙铁选择不当，在焊接过程中很容易造成人为故障，如虚焊、短路甚至焊坏电路板，所以要尽可能选用恒温调温防静电电烙铁。

恒温烙铁由烙铁主机、烙铁手柄、烙铁头、烙铁支架和清洁海绵几个部分组成，如图 4-5 所示。

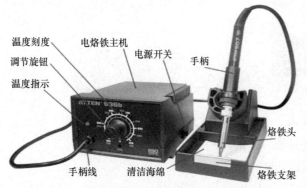

图 4-5　恒温烙铁结构图

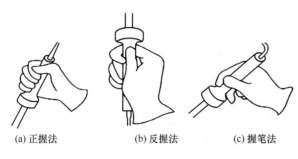

(a) 正握法   (b) 反握法   (c) 握笔法

图 4-6　恒温烙铁的拿法示意图

2) 恒温烙铁的焊接方法。

① 恒温烙铁的拿法分为反握法、正握法和握笔法三种，如图 4-6 所示。

② 焊锡丝的拿法也分为正握法和反握法，正握法在连续作业时可以持续供给，反握法间歇作业时不能持续供给，如图 4-7 所示。

3) 恒温烙铁的拆卸元件的操作步骤。

① 将电源线插入电源插座，打开电源开关，先对烙铁进行预热，将温度调节到 200～220℃，预热 3～5min。

② 预热结束后将温度调至约（330±30)℃，电源灯出现闪烁后便可以使用烙铁进行拆焊了。

③ 用烙铁同时移动给贴片元件两侧加热。

④ 当贴片元件移动时，使用镊子将元件取下。

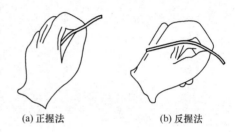

(a) 正握法   (b) 反握法

图 4-7　焊锡丝的拿法示意图

⑤ 关掉电源开关，待烙铁头冷却后拆卸结束。

4) 恒温烙铁焊接元件的操作步骤。

焊接的操作步骤一般分为 5 步法和 3 步法，如图 4-8、图 4-9 所示。

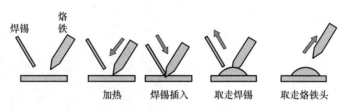

焊锡　烙铁

加热　　焊锡插入　　取走焊锡　　取走烙铁头

图 4-8　焊接 5 步法

加热焊锡供给

图 4-9　焊接 3 步法

详细步骤如下：

① 将电源线插入电源插座，打开电源开关，先对烙铁进行预热，将温度调节到 200～220℃，预热 3～5min。

② 预热结束后将温度调至（330±30）℃，电源灯出现闪烁后便可以使用烙铁进行拆焊了。

③ 放置元件在对应的位置上，元件两端和焊盘对齐，放在居中的位置，如图 4-10 所示。

④ 左手用镊子夹持元件定位在焊盘上，右手用烙铁将已上锡焊盘的锡熔化，将元件定焊在焊盘上，如图 4-11 所示。注意被焊件和电路板要同时均匀受热，加热时间 1～2s 为宜。

图 4-10　放置元件

图 4-11　元件焊接示意图

⑤ 用烙铁头加焊锡丝到焊盘，将两端分别进行固定焊接。烙铁撤离方向以与轴向成 45°的方向撤离，如图 4-12 所示。

⑥ 检查元件是否焊好，如图 4-13 所示。不能出现虚焊、短路等不合格的焊接（图 4-14、图 4-15）。

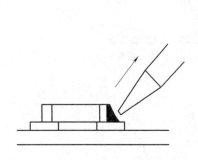

图 4-12　烙铁撤离示意图

图 4-13　焊接合格的焊点

(a) 连锡 (短路)

(b) 少锡

图 4-14　不合格焊点图一

(a) 多锡   (b) 立碑

图 4-15 不合格焊点图二

⑦ 关掉电源，烙铁头冷却后，焊接结束。

（3）助焊剂的作用

主要是除去氧化膜、防止再氧化、降低表面张力和焊锡表面的完成状态。

（4）拆焊注意事项

1）由于手机广泛采用黏合的多层印制电路板，在焊接和拆卸时要特别注意通路孔，应避免印制电路与通路孔错开。

2）更换元件时，应避免焊接温度过高，整个拆焊时间不要超过 10s。

3）有些金属氧化物互补型半导体（CMOS）对静电或高压特别敏感而易受损，在拆卸这类元件时，必须戴上防静电手腕或避免穿带静电的服装。

【器材准备】

①手机电路板；②独立贴片元件；③恒温电烙铁和热风枪；④台灯放大镜；⑤焊锡丝和助焊剂。

【项目准备】

表 4-1   SMD 小元件或小组件拆焊的项目准备单

实训内容	二引脚分立元器件	三引脚分立元器件	四引脚分立元器件
元器件外形			
元器件颜色			
所用拆焊工具			
采用的拆焊方法			
所用焊接工具			
采用的焊接方法			
用时			

4.1.3 任务

（1）实施要求

1）须是小组学习，小组应指定小组长负责，组员必须人人参与。

2）每个小组必须按照任务实施步骤认真完成。

3）遇到疑难问题先进行小组集体分析讨论，的确解决不了的问题再向老师提问，老师注意做好巡回指导，遇到共性问题及时进行解答。

（2）任务解析

1）针对小型 SMD 元件、小型封装的集成组件等不同类型元器件，确定热风枪的温度选择标准、风速选择标准、风嘴的选择标准、风嘴距离元件的高度、吹焊的时间长度。

2）恒温电烙铁的烙铁头清理方法、温度选择标准、上锡和去锡规范、补锡技巧、焊接技巧。

3）针对不同类型的元件，确定拆焊时间的长短、拆焊时温度隔离的技巧、助焊材料的选择、助焊材料的使用标准、补焊材料的选择标准。

4）运用辅助工具，如：台灯放大镜、防静电手腕、镊子、钳子、海绵、胶条、荧光笔等，提高拆焊质量，缩短拆焊时间，排除虚焊和漏焊现象，避免出现短路和开路现象，位置准确无偏离，提高拆焊成功率，注重拆焊成品的美观。

5）完成小型 SMD 元件和组件的拆焊，每人必须确保正确无误地连续拆焊 3 次以上。

6）停止使用热风枪时，应先置于 OFF（关）位置，调节风量选择旋钮到最大，等排完热风以后，直至红灯熄灭、内部发热芯冷却才可以拔出插头。

7）焊接某一元器件时，若暂时不用，可将风量选择旋钮调到 4～5 挡（较大），温度选择旋钮调到 2～3 挡（较小），这样有利于延长发热芯的寿命。

8）为了防止焊上组件时线路板受高温而隆起，可以在安装组件时，在线路板的反面垫上一块吸足水的海绵，这样就可避免线路板温度过高。

4.1.4　行动

【行动要求】

1）采用小组协作法，各小组由组长根据任务进行分工，全体组员共同完成任务单的各项内容。

2）每个小组必须严格遵守任务实施步骤和实验安全操作规范，认真完成拆焊。

3）遇到疑难问题先进行小组内部的集体分析讨论，探求解决方案，确实无法解答的可以进行组间讨论或向老师请教，老师做好巡回指导，遇到共性问题及时进行解答。

4）工艺要求：要求无虚焊、无短路、无错位、焊接无误。

【行动内容】

行动 1. 做好拆焊前的准备工作

1）准备好实训设备、工量具、软件、消耗材料、热风枪 1 台、防静电电烙铁 1 把、手机板 1 块、洗板水适量、焊锡丝适量、焊油 1 盒、吸锡线 1 卷、垫板 1 块。

2）拆焊前做好热风枪和恒温烙铁的预热工作，将热风枪和恒温烙铁调节至合适温度。

3）做好静电防护准备工作。

行动 2. 使用恒温烙铁拆焊电阻器、电容器和小集成组件等元器件

1）在手机电路板中分别选取二引脚、三引脚和四引脚分立元器件。

2）对元件的安放方向进行记录。

3）使用恒温烙铁对其进行拆卸，并将拆卸下来的元器件放置好，记录元件的外形、颜色和类型，检测元器件参数判断其好坏。

4）清洗电路板。

5）将拆卸下来的二引脚分立元器件、三引脚分立元器件和四引脚分立元器件按照拆卸的位置和方向，重新焊接到电路板中。

6）检查电路板，确保焊接无误。

行动 3. 使用热风枪拆焊电阻器、电容器等和小集成组件等元器件

1）热风枪选用小风嘴，温度开关调到 3～4 挡，风力开关调到 1～2 挡。

2）在小元件或小组件的上面或其引脚上加适量焊油，风嘴在其上方约 2.5cm 处作螺旋状吹，直至引脚小元件或小组件引脚上的锡珠完全熔化，用镊子在对角线空隙处轻轻向上夹起整个元件或组件，完成元件的"拆"。特别注意热风枪旋转的幅度、角度和温度、风速，预防将周围元件吹跑或吹偏。

3）清理焊盘、元件或组件以及镊子，用热风枪吹干，根据情况确定焊盘是否需要补锡或去锡，加少许焊油，对正位置。

4）在小元件或小组件的上方按照拆时的温度、风速、高度、幅度进行吹焊，持续时间在 20s～1min，估计焊锡熔化后，结束吹焊，待冷却约 20s 后，用镊子触碰元件边沿，检查元件是否焊接良好，有无对正、虚焊等现象，周围元件有无吹跑，完成元件的"焊"。

5）最后清理工作台、手机电路板、工具。

4.1.5 评估

【评估目标】 你是否具备了拆焊 SMD 小元件或小组件的能力？

【评估标准】 如表 4-2 所示，评估结果用 A＋、A、B、C 来分别表示优秀、良好、合格、不合格。

表 4-2   项目评估用表

评估项目	评估内容	小组自评	教师评估
应知部分	1. 熟知常用焊接工具的性能和特点,工具准备齐全、使用正确 2. 掌握焊接工具的操作方法及焊接技巧,要求无虚焊、无短路、无错位、焊接无误 3. 能动手拆焊贴片元件 4. 实训报告填写正确		
应会部分	1. 态度端正,积极参与 2. 操作认真谨慎,一丝不苟 3. 积极思考发言,有深刻理解		

学生签名：	教师签名：	评价日期： 年 月 日

【课后习题】

1）总结不同 SMD 小元件的外形特点。

2）简述焊接过程中的注意事项。

3）简述各种工具的使用事项。

【注意事项】

在拆焊过程中一定要注意加热时间，避免元器件烧坏掉。

项目 4.2　多端 IC 芯片元件的焊接技术

扫码观看

4.2.1　目标

1）了解小组件的类型、性能和特点，知道集成元件引脚的识别方法。

教学视频

2）熟练掌握常用焊接工具的操作方法及焊接技巧。

3）会动手拆焊小组件。

4.2.2　准备

【必备知识】

（1）集成元件的基本知识

集成元件的封装应具有较强的机械性能、良好的电气性能、散热性能和化学稳定性，其封装类型主要有以下几种：

1）DIP 双列直插式封装，如图 4-16 所示。

DIP（Dual In-line Package）是指采用双列直插形式封装的集成电路芯片，绝大多数中小规模集成电路（IC）均采用这种封装形式，其引脚数一般不超过 100 个。采用 DIP 封装的 CPU 芯片有两排引脚，需要插入到具有 DIP 结构的芯片插座上。当然，也可以直接插在有相同焊孔数和几何排列的电路板上进行焊接。DIP 封装的芯片在从芯片插座上插拔时应特别小心，以免损坏引脚。

图 4-16　双列直插封装图

DIP 封装具有以下特点：适合在 PCB（印刷电路板）上穿孔焊接，操作方便；芯片面积与封装面积之间的比值较大，故体积也较大。

2）QFP 塑料方型扁平式封装和 PFP 塑料扁平组件式封装，如图 4-17 所示。

QFP（Plastic Quad Flat Package）封装的芯片引脚之间距离很小，管脚很细，一般大规模或超大型集成电路都采用这种封装形式，其引脚数一般在 100 个以上。用这种形式封装的芯片必须采用 SMD（表面安装设备技术）将芯片与主板焊接起来。采用 SMD 安装的芯片不必在主板上打孔，一般在主板表面上有设计好的相应管脚的焊点。将芯片各脚对准相应的焊点，即可实现与主板的焊接。用这种方法焊上去的芯片，如果不用专用工具是很难拆卸下来的。

图 4-17　四边扁平封装图

PFP（Plastic Flat Package）方式封装的芯片与 QFP 方式基本相同。唯一的区别是 QFP 一般为正方形，而 PFP 既可以是正方形，也可以是长方形。

QFP/PFP 封装具有以下特点：适用于 SMD 表面安装技术在 PCB 电路板上安装布线；适合高频使用；操作方便，可靠性高；芯片面积与封装面积之间的比值较小。

3）CSP 芯片尺寸封装。

随着全球电子产品个性化、轻巧化的需求蔚为风潮，封装技术已进步到 CSP（Chip Size Package）。它减小了芯片封装外形的尺寸，做到裸芯片尺寸有多大，封装尺寸就有多大，即封装后的 IC 尺寸边长不大于芯片的 1.2 倍，IC 面积只比晶粒（Die）大不超过 1.4 倍。

CSP 封装又可分为四类：

① Lead Frame Type（传统导线架形式），代表厂商有富士通、日立、Rohm、高士达（Goldstar）等。

② Rigid Interposer Type（硬质内插板型），代表厂商有摩托罗拉、索尼、东芝、松下等。

③ Flexible Interposer Type（软质内插板型），其中最有名的是 Tessera 公司的 microBGA，CTS 的 sim-BGA 也采用相同的原理。其他代表厂商包括通用电气（GE）和 NEC。

④ Wafer Level Package（晶圆尺寸封装）：有别于传统的单一芯片封装方式，WLCSP 是将整片晶圆切割为一颗颗的单一芯片，它号称是封装技术的未来主流，已投入研发的厂商包括 FCT、Aptos、卡西欧、EPIC、富士通、三菱电子等。

CSP 封装具有以下特点：满足了芯片 I/O 引脚不断增加的需要；芯片面积与封装面积之间的比值很小；极大地缩短延迟时间；CSP 封装适用于脚数少的 IC，如内存条和便携电子产品。未来则将大量应用在信息家电（IA）、数字电视（DTV）、电子书（E-Book）、无线网络 WLAN/Gigabit Ethernet、ADSL/手机芯片、蓝牙（Bluetooth）等新兴产品中。

集成元件的引脚识别方法：

圆形结构的集成电路和金属壳封装的半导体三极管差不多，只不过体积大、电极引脚多。这种集成电路引脚排列方式为：从识别标记开始，沿顺时针方向依次为 1、2、3……，如图 4-18（a）所示。

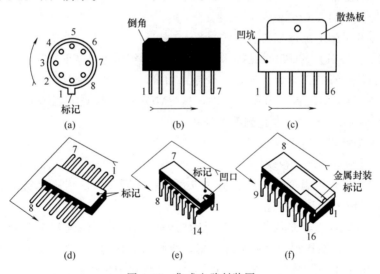

图 4-18 集成电路封装图

单列直插型集成电路的识别标记，有的用切角，有的用凹坑。这类集成电路引脚的排列方式也是从标记开始，从左向右依次为 1、2、3……，如图 4-18（b）、（c）所示。

扁平型封装的集成电路多为双列型，这种集成电路为了识别管脚，一般在端面一侧有一个类似引脚的小金属片，或者在封装表面上有一色标或凹口作为标记，其引脚排列方式是：从标记开始，沿逆时针方向依次为 1、2、3……，如图 4-18（d）所示。但应注意，有少量的扁平封装集成电路的引脚是顺时针排列的。

双列直插式集成电路的识别标记多为半圆形凹口，有的用金属封装标记或凹坑标记。这类集成电路引脚排列方式也是从标记开始，沿逆时针方向依次为1、2、3……，如图4-18（e）、（f）所示。

集成电路引出脚排列顺序的标志一般有色点、凹槽及封装时压出的圆形标志。对于双列直插集成块，引脚识别方法是将集成电路水平放置，引脚向下，标志朝左边，左下角为第一个引脚，然后按逆时针方向数，依次为2、3、4，等等。对于单列直插集成板，让引脚向下，标志朝左边，从左下角第一个引脚到最后一个引脚，依次为1、2、3，等等。

（2）拆焊主要操作步骤

1）热风枪的操作步骤。

第一步：按热风枪的使用要求进行拆卸，利用手机的旧机板进行练习。

① 给热风枪通电，调节温度和风量，隔2.5cm左右，垂直对准报纸吹，通过观察报纸的颜色是否发黄，多久时间发黄，以此判断热风枪通电是否正常。

② 风枪温度调到350～380℃，风速4～5挡。

③ 在芯片的引脚上加适量松香（选择）。

④ 均匀给芯片四边引脚位加热，待四边引脚位焊锡熔化，用镊子从芯片对角底部插进去，夹住芯片，取下芯片即可。

第二步：焊接过程。

① 焊接前用烙铁先把焊盘拖平，清理干净。

② 给芯片对好位，用烙铁固定芯片的四个对角。

③ 风枪温度调到350～380℃，风速3～4挡。

④ 在芯片的引脚上加适量松香（选择）。

⑤ 均匀给芯片四边引脚脚位加热，待四边引脚位焊锡熔化，停止加热，关闭热风枪电源。

⑥ 检查芯片引脚有无空焊、连锡、少锡；如有，可用烙铁拖焊处理。

第三步：先拆除旧机板上的集成元件，按SMD/SMC焊点质量判别的要求把元件再焊上去，反复拆装3～5次以上直到熟练为止。

2）恒温电烙铁的操作步骤。

第一步：拆卸集成电路模块。

① 先调节好电烙铁温度，用焊引脚的方式对芯片同一侧的引脚进行堆焊，使同一侧的引脚都用量足够大的焊锡相连。

② 用镊子或螺丝刀轻轻从芯片没有引脚的侧面推芯片，迅速用烙铁交替地接触两侧包着引脚的焊锡，总能找到一个适合的时刻，两侧的焊锡均处于液态，即引脚也在焊锡里面浮着，这时由于用镊子从侧面加力，芯片会被从焊锡中推出来。

③ 如果芯片虽离开PCB元件原位置表面但是仍通过焊锡与板子相连，则应视情况重复上一步骤，切记要使用镊子等控制好芯片移动的方向。

④ 如果拆下来的芯片上引脚间有短路，可以一只手用镊子夹好芯片，另一只手用烙铁轻轻挑被短路部分，焊锡很容易从脚上脱离。有条件时可以使用吸锡线和吸锡器进行清理。对原焊盘也是如此。

第二步：焊接集成电路模块。

① 清理焊盘，用吸锡丝吸去电路板焊盘上的多余焊锡，如图4-19所示。

② 定位，根据拆卸时的记录，将元件按照正确的方向放置到电路板中的焊盘上，并将引脚与焊盘对齐。

③ 定焊，将元件对角线位置的引脚焊上焊锡，以确保元件在剩余引脚的焊接中不会移位，如图 4-20 所示。

④ 焊接，给剩下的引脚加上焊锡焊牢。

⑤ 除锡，将引脚上多余的焊锡除走，可采用吸锡丝吸走，或者采用拖焊法脱出多余焊锡，如图 4-21 所示。

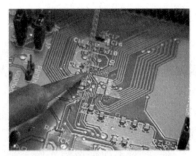

图 4-19　吸去焊盘上的多余焊锡

图 4-20　元件定焊

图 4-21　除去引脚上的多余焊锡

⑥ 检查引脚焊接情况，确保无虚焊、漏焊和短路。

3）拆焊注意事项。

① 由于手机广泛采用黏合的多层印制电路板，在焊接和拆卸时要特别注意通路孔，应避免印制电路与通路孔错开。

② 更换元件时，应避免焊接温度过高。

③ 有些金属氧化物互补型半导体（CMOS）对静电或高压特别敏感而易受损，在拆卸这类元件时，必须戴上防静电手腕或避免穿带静电的服装。

【器材准备】

①台灯放大镜；②热风枪和恒温电烙铁；③手机电路板和集成电路模块；④焊锡丝和助焊剂。

【项目准备】

表 4-3　　　　　　　　　　集成元件拆焊的项目准备单

实训内容	双列直插型集成电路模块	双边扁平封装集成电路模块	四边扁平封装集成电路模块
元器件外形			
元器件颜色			
所用拆焊工具			
拆焊方法			
所用焊接工具			
采用的焊接方法			
用时			

4.2.3 任务

1）针对小型封装的集成元件、双边扁平和四方扁平封装的集成元件，确定热风枪的温度选择标准、风速选择标准、风嘴的选择标准、风嘴距离元件的高度、吹焊的时间长度。

2）掌握恒温电烙铁的烙铁头清理方法、温度选择标准、上锡和去锡规范、补锡技巧、焊接技巧。

3）针对不同类型的元件，确定拆焊时间的长短、拆焊时温度隔离的技巧、助焊材料的选择、助焊材料的使用标准、补焊材料的选择标准。

4）能够运用辅助工具，如台灯放大镜、防静电手腕、镊子、钳子、海绵、胶条、荧光笔等，提高拆焊质量，缩短拆焊时间，排除虚焊和漏焊现象，避免出现短路和开路现象，位置准确无偏离，提高拆焊成功率，注重拆焊成品的美观。

5）熟练完成小型、双边扁平和四方扁平封装三种类型集成元件的拆焊。

4.2.4 行动

【行动要求】

1）采用小组协作法，各小组由组长根据任务进行分工，全体组员共同完成任务单的各项内容。

2）每个小组必须严格遵守任务实施步骤和实验安全操作规范，认真完成元器件的拆焊。

3）遇到疑难问题先进行小组内部的集体分析讨论，探求解决方案，确实无法解答的可以进行组间讨论或向老师请教。老师做好巡回指导，遇到共性问题及时进行解答。

4）工艺要求：要求无虚焊、无短路、无错位、焊接无误。

【行动内容】

行动 1. 用热风枪拆焊小型封装的集成元件

1）去掉热风枪前面的小套头，将热风枪的温度开关调到 3~4 挡，风力开关调到 2~3 挡。

2）在小型封装的 IC 周围（包括 IC 上面和引脚上）放适量焊油，风嘴在芯片上方约 2.5cm 处作螺旋状吹，直至 IC 引脚上的锡珠完全熔化，用镊子在对角线空隙处轻轻向上夹起整个芯片，完成元件的"拆"。注意热风枪旋转的幅度、角度和温度、风速，以防将周围元件吹跑或吹偏。

3）清理焊盘、元件或组件以及镊子，用热风枪吹干，根据情况确定焊盘是否需要补锡或去锡，加少许焊油，对正位置。

4）在元件上方按照拆时的温度、风速、高度、幅度进行吹焊，持续时间在 20s~1min，估计焊锡熔化后，结束吹焊，待冷却 20s 左右后，用镊子触碰元件边沿，检查元件是否焊接良好，是否对正，有无虚焊等现象，周围元件有无吹跑，完成元件的"焊"。

5）最后，清理工作台、手机电路板、工具。

行动 2. 用热风枪拆焊扁平封装的 IC 集成元件

1）去掉热风枪前面的小套头改用大头（用大头吹焊 IC 的速度要快一点），将热风枪的温度开关调到 3~4 挡，风力开关调到 3~5 挡。

2）在元件周围放适量焊油，风嘴在芯片上方约 2.5cm 处作螺旋状吹，直至元件引脚上的锡珠完全熔化，用镊子在对角线空隙处轻轻向上夹起整个元件，完成元件的"拆"。注意热风枪旋转的幅度、角度和温度、风速，以防将周围元件吹跑或吹偏。

3）清理焊盘、元件或组件以及镊子，用热风枪吹干，根据情况确定焊盘是否需要补锡或去锡，加少许焊油，对正位置。

4）在元件上方按照拆时的温度、风速、高度、幅度进行吹焊，持续时间在20s～1min，估计焊锡熔化后，结束吹焊，待冷却20s左右后，用镊子触碰元件边沿，检查元件是否焊接良好，是否对正，有无虚焊等现象，周围元件有无吹跑，完成元件的"焊"。

5）最后，清理工作台、手机电路板、工具。

4.2.5 评估

【评估目标】 你是否具备了拆焊集成元件的能力？

【评估标准】 如表4-4所示，评估结果用A＋、A、B、C来分别表示优秀、良好、合格、不合格。

表4-4　　　　　　　　　　　　　　　　项目评估用表

评估项目	评估内容	小组自评	教师评估
应知部分	1. 熟知常用焊接工具的性能和特点，工具准备齐全、使用正确 2. 掌握焊接工具的操作方法及焊接技巧。要求无虚焊、无短路、无错位、焊接无误 3. 能动手拆焊集成电路模块 4. 实训报告填写正确		
应会部分	1. 态度端正，积极参与 2. 操作认真谨慎，一丝不苟 3. 积极思考发言，有深刻理解		
学生签名：	教师签名：	评价日期：　年　月　日	

项目4.3 塑封元件和接口部件的拆焊

4.3.1 目标

1）了解塑封元件的性能和特点，掌握接口部件的作用。

2）熟练掌握常用焊接工具的操作方法及焊接技巧。

3）能较好地完成塑封元件的拆焊，能动手完成接口部件的拆焊。

4.3.2 准备

【必备知识】

（1）塑封元件的基本知识

手机电路中的塑封元件主要有：部分集成组件、电池接入触点、SIM卡卡座等，塑封元件很容易烧焦，拆焊时尤其需要注意热风枪的温度与风速的选择和吹焊的时间与距离高低的把握。

（2）接口部件的基本知识

手机电路中的接口部件主要有：液晶排线接口、数据排线接口、音视频接口等，接口部件的材质也是以塑胶居多，使用频率高，很容易损坏，拆焊时需要注意拆焊方法技巧。

（3）拆焊注意事项

1）更换塑封元件和接口部件时，应避免焊接温度过高、焊接时间过长，预防烧焦、变色、损坏。

2）本项目任务作为此模块的提高版，在拆卸这类元件时，应在小元件和集成元件这两个任务完成效果很好的情况下再进行，并在反复练习旧元件的基础上，熟练掌握此类元件的拆焊方法和技巧之后再进行效果检测。

（4）拆焊用主要工具热风枪的操作步骤

第一步：按热风枪的使用要求进行拆焊，利用手机的旧机板进行练习。

给热风枪通电，调节温度和风量，隔 2.5cm 左右，垂直对准报纸吹，通过观察报纸的颜色是否发黄，多久时间发黄，以此判断热风枪通电是否正常。

第二步：焊接过程。

① 吹元件时，元件表面要加少量助焊剂。加热某一个元件时，要注意不被加热而损坏，必须采用遮掩等方法采取保护措施，从反面吹焊或在元件下方加一块蘸水海绵后再进行。还要注意检查被加热元件位置的另一面是否有容易被高温损坏的元件。

② 注意元件的位置和周围的元件，以利于正确焊接元件。加热元件时，应该对该元件周围进行预热，防止电路板起泡和电路板产生热胀冷缩。

③ 焊锡熔化时，用镊子将元件轻轻提起，防止焊锡将焊盘短路。应尽量在焊锡充分熔化后提起元件，防止元件引脚带起铜箔，损坏电路板。焊接时加助焊剂，用镊子轻轻向下压元件，不要太用力压元件。

第三步：先拆除旧机板上的元件，按焊点质量判别的要求把元件再焊上去，反复拆装 3～5 次以上直到熟练为止。

【器材准备】

①台灯放大镜；②热风枪和恒温电烙铁；③手机电路板和集成电路模块；④焊锡丝和助焊剂。

【项目准备】

表 4-5　　　　　　　　　　塑封元件和接口部件拆焊的项目准备单

实训内容	单边式塑封元件	双边式塑封元件	接口电路元件
元器件外形			
元器件颜色			
所用拆焊工具			
采用的拆焊方法			
所用焊接工具			
采用的焊接方法			
用时			

4.3.3　任务

1）针对塑封元件和接口部件的元件特点，确定热风枪的温度选择标准、风速选择标准、风嘴的选择标准、风嘴距离元件的高度、吹焊的时间长度。

2）确定恒温电烙铁的烙铁头清理方法、温度选择标准、上锡和去锡规范、补锡技巧、焊接技巧。

3）针对不同类型的元件，确定拆焊时间的长短、拆焊时温度隔离的技巧、助焊材料的选择、助焊材料的使用标准、补焊材料的选择标准。

4）运用辅助工具如：台灯放大镜、防静电手腕、镊子、钳子、海绵、胶条、荧光笔等，提高拆焊质量，缩短拆焊时间，排除虚焊和漏焊现象，避免出现短路和开路现象，位置准确无偏离，提高拆焊成功率，注重拆焊成品的美观。

5）能完成塑封元件和接口部件的拆焊。

4.3.4　行动

【行动要求】

1）采用小组协作法，各小组由组长根据任务进行分工，全体组员共同完成任务单的各项内容。

2）每个小组必须严格遵守任务实施步骤和实验安全操作规范，认真完成元器件的拆焊。

3）遇到疑难问题先进行小组内部的集体分析讨论，探求解决方案，确实无法解答的可以进行组间讨论或向老师请教，老师做好巡回指导，遇到共性问题及时进行解答。

4）工艺要求：要求无虚焊、无短路、无错位、焊接无误。

【行动内容】

用热风枪拆焊塑封元件或接口部件。

1）去掉热风枪前面的小套头改用大头（用大头吹焊 IC 的速度要快一点），将热风枪的温度开关调到 3～4 挡，风力开关调到 3～5 挡。

2）方法一：在元件周围放适量焊油，在电路板下方垫一块浸水的海绵，风嘴在芯片上方约 2.5cm 处作螺旋状吹，直至元件引脚上的锡珠完全熔化，用镊子在对角线空隙处轻轻向上夹起整个元件，完成元件的"拆"。

方法二：在元件周围放适量焊油，风嘴在塑封元件的反面上方约 2.5cm 处作螺旋状吹，边吹边观察元件引脚上的锡珠是否熔化，用镊子在对角线空隙处轻轻向上夹起整个元件，完成元件的"拆"。

注意热风枪旋转的幅度、角度和温度、风速，预防将周围元件吹跑或吹偏。

3）清理焊盘、元件或组件以及镊子，用热风枪吹干，根据情况确定焊盘是否需要补锡或去锡，加少许焊油，对正位置。

4）在元件上方按照拆时的方法、温度、风速、高度、幅度进行吹焊，持续时间在 20s 左右，估计焊锡熔化后，结束吹焊，待冷却 20s 左右后，用镊子触碰元件边沿，检查元件是否焊接良好，有无对正、有无虚焊等现象，周围元件有无吹跑，完成元件的"焊"。

5）最后清理工作台、手机电路板、工具。

4.3.5 评估

【评估目标】 你是否具备较好的拆焊塑封元件和接口部件的能力？

【评估标准】 如表 4-6 所示，评估结果用 A＋、A、B、C 来分别表示优秀、良好、合格、不合格。

表 4-6　　　　　　　　　　　　　　项目评估用表

评估项目	评估内容	小组自评	教师评估
应知部分	1. 熟知常用焊接工具的性能和特点，工具准备齐全、使用正确 2. 掌握焊接工具的操作方法及焊接技巧。要求无虚焊、无短路、无错位、焊接无误 3. 能动手拆焊塑封元件和接口部件 4. 实训报告填写正确		
应会部分	1. 态度端正，积极参与 2. 操作认真谨慎，一丝不苟 3. 积极思考发言，有深刻理解		
学生签名：	教师签名：	评价日期：　　年　　月　　日	

项目 4.4　BGA 型芯片的植锡与拆焊

4.4.1 BGA 型芯片的植锡

扫码观看

教学视频

4.4.1.1 目标

1）了解常用植锡工具的性能和特点。

2）掌握常用植锡工具的操作方法及植锡技巧。

3）能完成手机电路板中常见型号 BGA IC 的植锡。

4.4.1.2 准备

【必备知识】

要正确地更换一块 BGA 芯片，不仅需要掌握一定的技巧和正确的拆焊方法，还需要熟练使用热风枪、BGA 置锡工具完成 BGA IC 芯片的植锡。

（1）植锡用主要工具

1）热风枪的操作步骤：用于拆卸和焊接 BGA 芯片。最好使用有数控恒温功能的热风枪，如图 4-22 左图所示，去掉风嘴直接吹焊。普通恒温功能的热风枪如图 4-22 右图所示。

2）防静电电烙铁：用以清理 BGA 芯片及线路板上的余锡，如图 4-23 所示。

3）助焊剂：呈软膏状，灰色，助焊效果很好。优点如下：

① 助焊效果极好。

② 对 IC 和 PCB 没有腐蚀性。

图 4-22 热风枪示意图

图 4-23 防静电电烙铁示意图

③ 其沸点仅稍高于锡钎料的熔点，在焊接时，焊锡熔化不久便开始沸腾，吸热后汽化，可使 IC 和机板的温度保持在这个温度上，以免烧坏 IC 和机板，如图 4-24 所示。

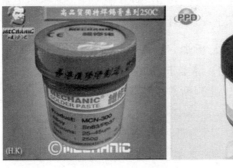

图 4-24 锡浆示意图

4）植锡板：如图 4-25 所示。

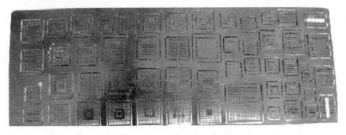

图 4-25 植锡板示意图

5）清洗剂：用以清洁线路板。用洗板水最好，洗板水对松香助焊膏或焊油等有极好的溶解性，不建议使用溶解性不好的酒精。

6）焊锡：焊接时用以补焊。

7）手指钳或磁铁：焊接时便于将 BGA 芯片固定。

8）医用针头或镊子：拆卸时用于将 BGA 芯片掀起。

9）带灯放大镜：便于观察 BGA 芯片的位置。

10）手机维修平台：用以固定线路板。维修平台应可靠接地。

11）防静电手腕：戴在手上，用以防止人身上的静电损坏手机元件。

12）小刷子、吹气球：用以扫除 BGA 芯片周围的杂质。

13）刮刀：用于将锡浆刮平，如图 4-26 所示。

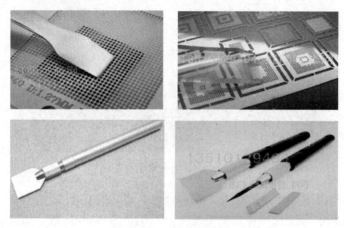

图 4-26　刮刀示意图

（2）植锡操作步骤

第一步：按热风枪的使用要求进行拆焊，利用手机的旧机板进行练习。

给热风枪通电，调节温度和风量，隔 2.5cm 左右，垂直对准报纸吹，通过观察报纸的颜色是否发黄，多久时间发黄，以此判断热风枪通电是否正常。

第二步：植锡过程。

① 清理 BGA IC 上的残余锡球，用清理后的烙铁在 BGA IC 上挂动，利用烙铁带走 BGA IC 上的残余锡球。

② 在植锡板上找到和被植锡 IC 焊盘封装形式一致的模型。

③ 将被植锡的 BGA IC 和植锡板上的模孔对齐，并将之压紧固定。

④ 在植锡板上均匀地挂上一层锡浆，并将多余的锡浆剔除，如图 4-27 所示。

⑤ 用热风枪对有锡浆的部分进行加热，按顺时针方向均匀加热，让锡浆熔化成均匀的焊球，如图 4-28 所示。

第三步：先拆除旧机板上的集成块和贴片元件，按 SMD/SMC 焊点质量判别的要求把元件再焊上去，反复拆装 3～5 次以上直到熟练为止。

（3）植锡注意事项

1）由于 BGA IC 芯片的引脚分布非常密集，在植锡时需要选择好合适型号的植锡板，注意关注芯片的引脚分布行数与列数，以确定是否完全对正位置。

图 4-27 刮浆示意图

图 4-28 植好焊锡的 BGA IC

2）植锡时，应注意热风枪的温度和风速选择，注意吹焊的距离和时间选择，避免吹焊温度过高。

3）注意戴上防静电手腕或避免穿带静电的服装，避免因静电损坏芯片。

4）注意关注锡浆的颜色变化，从对芯片的去锡、刮锡、吹焊成型三步看焊点的颜色是否分别为银白色、灰色、银白色，从而确定是否植锡成功。

【器材准备】

①镊子；②恒温烙铁；③热风枪；④植锡板；⑤吸锡线；⑥锡膏；⑦洗板水；⑧助焊剂。

【项目准备】

表 4-7　　　　　　　　　　　　　　　　BGA 型芯片植锡的项目准备单

实训内容	SOC 型封装元件植锡	低密度 BGA IC 植锡	高密度 BGA IC 植锡
元器件外形			
元器件颜色			
所用拆焊工具			
采用的拆焊方法			
所用焊接工具			
采用的焊接方法			
用时			

4.4.1.3　任务

1）针对不同类型的 BGA IC 芯片，确定热风枪的温度选择标准、风速选择标准、风嘴的选择标准、风嘴距离元件的高度、吹焊的时间长度。

2）恒温电烙铁的烙铁头清理方法、温度选择标准、上锡和去锡规范、补锡技巧、焊接技巧。

3）针对不同类型的元件，确定吹焊时间的长短、助焊材料的选择、助焊材料的使用标准、补焊材料的选择标准。

4）运用辅助工具如：台灯放大镜、防静电手腕、镊子、磁铁、胶条、荧光笔等，提高植锡质量、缩短植锡时间，避免出现没有完全植上、大小不均匀、焊点与锡球错位等现象，注重植锡成品的美观。

5）完成不同类型的 BGA IC 芯片的植锡。

4.4.1.4　行动

【行动要求】

1）采用小组协作法，各小组由组长根据任务进行分工，全体组员共同完成任务单的各项内容。

2）每个小组必须严格遵守任务实施步骤和实验安全操作规范，认真完成元器件的植锡。

3）遇到疑难问题先进行小组内部的集体分析讨论，探求解决方案，确实无法解答的可以进行组间讨论或向老师请教，老师做好巡回指导，遇到共性问题及时进行解答。

4）工艺要求：要求全部植上、大小均匀、锡点光滑美观。

【行动内容】

用热风枪完成不同类型 BGA IC 芯片的植锡。

1）选工具：根据芯片大小选择热风枪的风嘴，温度开关调到 3～4 挡，风力开关调到 2～3 挡。

2）清理余锡：对于新的 BGA 芯片，可以不用此步骤。对于从电路板上取下的 BGA 芯片，芯片引脚和手机板焊盘上都有余锡，需要用电烙铁将余锡去除，去锡时电烙铁走向根据芯片引脚的行和列分布进行，使电路板的每个焊脚都光滑圆润（不能用吸锡线将焊点吸净，否则在下面的操作中会找不到手感），注意力度和方向，避免刮掉焊盘上面的绿漆和造成焊盘脱落，导致无法植锡。然后再用洗板水将芯片和机板上的助焊剂清洗干净，借助热风枪关掉以后的余风吹干 IC。

3）BGA IC 的固定：观察芯片的引脚数，选择合适的植锡板型号，将 IC 对准植锡板的孔后（如果使用的是那种一边孔大一边孔小的植锡板，大孔一边应该与 IC 紧贴），用标签纸将 IC 与植锡板贴牢。将植锡板的孔与 BGA IC 的引脚对准，然后用手按住或用两个吸铁座压在植锡板上固定。透过植锡板核对芯片的引脚数与开始所数引脚数要求一致，说明芯片和植锡板的位置已经完全对正。

将双面胶贴在 BGA 垫板中的 IC 槽中及将 IC 粘贴在垫板中的双面胶上，如图 4-29 所示。

4）上锡刮平：将植锡板的孔与 BGA IC 的引脚对准后，用镊子按住不动，另一只手拿刮浆工具（扁口刀）刮浆上锡，透过植锡板可以看见芯片所在位置的每个小孔

图 4-29　BGA IC 固定示意图

内均有银灰色的锡浆说明已经刮平。如果锡浆太稀，吹焊时就容易沸腾导致成球困难，因此锡浆越干越好，只要不是干得发硬成块即可。如果太稀，可用餐巾纸压一压，吸干一点。平时可挑一些锡浆放在浆瓶的内盖上，让它自然晾干一点。用平口刀挑适量锡浆到植

锡板上，用力往下刮，边刮边压，使锡浆均匀地填充于植锡板的小孔中。要特别"关照"一下 IC 四角的小孔。上锡浆时的关键在于要压紧植锡板，如果不压紧，使植锡板与 IC 之间存在空隙的话，空隙中的锡浆将会影响锡球的生成，其操作示意图如图 4-30 所示。

图 4-30　BGA IC 对模示意图

5）吹焊成球：用热风枪在其上方约 2.5cm 处作螺旋状吹，对着植锡板缓慢均匀加热，使锡浆慢慢熔化。当看见植锡板的小孔中已有银白色锡球生成时，说明温度已经到位，这时应当抬高风枪的风嘴，避免温度继续上升。过高的温度会使锡浆剧烈沸腾，造成植锡失败，严重的还会使 IC 过热损坏。用热风枪吹焊成球操作示意图如图 4-31 所示。

如果吹焊成球后，发现有些锡球大小不均匀，甚至有个别小孔没植锡，可先用裁纸刀沿着植锡板的表面将过大锡球的露出部分削平，再用刮刀将锡球过小和缺锡球的小孔中上满锡浆，然后用热风枪再吹一次即可。如果锡球大小还不均匀的话，可重复上述操作直至理想状态。重植时，必须将植锡板清洗干净，然后擦干。

图 4-31　吹焊成球示意图

特别注意热风枪旋转的幅度、角度和温度、风速，预防将芯片和植锡板损坏。

6）最后清理工作台、植锡工具，完成 BGA IC 的植锡。

4.4.1.5　评估

【评估目标】　你是否具备了 BGA 芯片的植锡的能力？

【评估标准】　如表 4-8 所示，评估结果用 A＋、A、B、C 来分别表示优秀、良好、合格、不合格。

表 4-8　　　　　　　　　　　　　　　　　　项目评估用表

评估项目	评估内容	小组自评	教师评估
应知部分	1. 能正确使用热风枪 2. 能将植锡板和 BGA IC 进行对应 3. 安全无事故，不损坏 BGA IC 4. 能正确填写项目准备单的各项内容		
应会部分	1. 态度端正，团队协作，能积极参与所有行动 2. 主动参与行动，能按时按要求完成各项任务 3. 认真总结，积极发言，能正确解读项目准备单中的问题		
学生签名：	教师签名：	评价日期：　　年　　月　　日	

4.4.2 BGA 型芯片的拆焊

4.4.2.1 目标

1）掌握 BGA IC 的拆焊方法和技巧。

2）掌握热风枪的使用。

4.4.2.2 准备

【必备知识】

1）BGAIC 球栅阵列封装，如图 4-32 所示。

图 4-32　BGA IC
封装示意图

随着集成电路技术的发展，对集成电路的封装要求更加严格。这是因为封装技术关系到产品的功能性，当 IC 的频率超过 100MHz 时，传统封装方式可能会产生所谓的"Cross Talk"现象，而且当 IC 的管脚数大于 208Pin 时，传统的封装方式有其困难度。1993 年，摩托罗拉公司率先将 BGA 应用于移动电话。BGA 成为 CPU、主板上南/北桥芯片等高密度、高性能、多引脚封装的最佳选择。

2）BGA 封装技术分类。

PBGA（Plastic BGA）基板：一般为 2~4 层有机材料构成的多层板。Intel 系列 CPU 中，PentiumⅡ、Ⅲ、Ⅳ 处理器均采用这种封装形式。

CBGA（Ceramic BGA）基板：即陶瓷基板，芯片与基板间的电气连接通常采用倒装芯片（Flip Chip，简称 FC）的安装方式。Intel 系列 CPU 中，PentiumⅠ、Ⅱ、Pentium-Pro 处理器均采用过这种封装形式。

FCBGA（Filp Chip BGA）基板：硬质多层基板。

TBGA（Tape BGA）基板：基板为带状软质的 1~2 层 PCB 电路板。

CDPBGA（Carity Down PBGA）基板：指封装中央有方形低陷的芯片区（又称空腔区）。

BGA 封装具有以下特点：I/O 引脚数虽然增多，但引脚之间的距离远大于 QFP 封装方式，提高了成品率；虽然 BGA 的功耗增加，但由于采用的是可控塌陷芯片法焊接，从而可以改善电热性能；信号传输迟延小，适应频率大大提高；组装可用共面焊接，可靠性大大提高。

【器材准备】

①镊子；②恒温烙铁和热风枪；③植锡板、锡膏和吸锡线；④洗板水和助焊剂。

【项目准备】

表 4-9　　　　　　　　　　　　BGA 型芯片拆焊的项目准备单

实训内容	SOC 型封装元件植锡	低密度 BGA IC 植锡	高密度 BGA IC 植锡
元器件外形			
元器件颜色			
所用拆焊工具			
采用的拆焊方法			
所用焊接工具			
采用的焊接方法			
用时			

4.4.2.3 任务

1）使用热风枪对 PCB 板上的不同规格 BGA IC 进行拆卸、清理。

2）使用热风枪对植好锡的不同规格 BGA IC 进行焊接、清理。

4.4.2.4 行动

【行动要求】

1）采用小组协作法，各小组由组长根据任务进行分工，全体组员共同完成任务单的各项内容。

2）每个小组必须严格遵守任务实施步骤和实验安全操作规范，认真完成元器件的拆焊。

3）遇到疑难问题先进行小组内部的集体分析讨论，探求解决方案，确实无法解答的可以进行组间讨论或向老师请教，老师做好巡回指导，遇到共性问题及时进行解答。

4）工艺要求：要求无虚焊、无短路、无错位、焊接无误。

【行动内容】

行动 1. 调节热风枪及注意事项

1）温度一般不超过 350℃，有铅设定 280℃，无铅设定 320℃。

2）风量 2～3 挡。

3）热风枪垂直元件，风嘴距元件 2～3cm 左右，热风枪应逆时针或顺时针均匀加热元件。

4）小 BGA 拆焊时间 30s 左右，大 BGA 拆焊时间 50s 左右。

行动 2. 进行 BGA 芯片的拆卸

1）PCB、BGA 芯片预热，添加助焊剂，防止芯片及 PCB 板变形，造成损坏。

2）拆除 BGA 芯片，使用热风枪对所需拆卸芯片进行加热，用镊子轻轻拨动芯片，当芯片松动时，将之夹起。

3）清洁焊盘。

行动 3. 进行 BGA 芯片的焊接

1）BGA 芯片锡球焊接，将 BGA 芯片植上焊锡。

2）涂布助焊膏，确保 BGA 芯片均匀受热。

3）贴装 BGA 芯片，让将焊接的 BGA 芯片和 PCB 板对应的焊接处对齐，确保焊接方向一致。

4）热风枪焊接，现将 BGA 芯片的一边焊上，如图 4-33 所示，再将热风枪按顺时针方向对 BGA 芯片进行整个焊接，如图 4-34 所示。

图 4-33　BGA 芯片焊接示意图一　　　　　图 4-34　BGA 芯片焊接示意图二

4.4.2.5 评估

【评估目标】 你是否具备了 BGA 芯片的拆焊能力？

【评估标准】 如表 4-10 所示，评估结果用 A＋、A、B、C 来分别表示优秀、良好、合格、不合格。

表 4-10   项目评估用表

评估项目	评估内容	小组自评	教师评估
应知部分	1. 能正确使用热风枪 2. 能将 BGA IC 正确地和焊接位置进行对应 3. 安全无事故，不损坏 BGA IC 4. 能正确填写项目准备单的各项内容 5. 能正确地对 BGA 芯片进行拆焊		
应会部分	1. 态度端正，团队协作，能积极参与所有行动 2. 主动参与行动，能按时按要求完成各项任务 3. 认真总结，积极发言，能正确解读项目准备单中的问题		
学生签名：	教师签名：	评价日期： 年 月 日	

模块5

手机的识图

 模块描述

在手机维修中，能完成电路图的识读是故障处理的基本要求。作为手机维修人员，通过学习识读手机的功能方框图、电路原理图、元件分布图和电路板实物图，并将这几类图对照起来，有助于理解手机的工作流程，掌握手机工作的基本原理，初步进行常见的故障判断，快速找出故障点。

 能力目标

1. 具备功能方框图、电路原理图和电路板实物图的识读能力。
2. 掌握手机的电路构成和各单元电路的作用。
3. 能将以上几类图对照起来，确定手机电路板的实际元器件位置。
4. 能根据图纸进行手机工作流程分析和故障初步定位。
5. 具备团队协作、资料收集和自我学习的能力。

项目 5.1　手机电路图纸的类型

5.1.1　目标

1）学会识读各种类型的手机电路图。

2）理解手机电路图的组成元素。

3）了解手机电路图的识读方法。

4）了解手机电路图中常见英文缩写的含义。

5.1.2　准备

【必备知识】

1）手机图纸一般分为四种类型：功能方框图、电路原理图、元件分布图和电路板实物图。

① 功能方框图，简称方框图，是一种按照信号流程运用方框和连线来表示电路工作

原理和手机构成概况的总体结构框架图。

② 电路原理图，简称原理图，是一种运用统一的电路元件符号系统地表示出各种手机具体电路工作原理的电路图，包括整机原理图和单元电路原理图。

③ 元件分布图，简称装配图，是一种为了进行装配而在印刷电路板上画出电路元件实物外形符号的一种图纸。

④ 电路板实物图，简称机板图，是一种反映手机设备中各元器件实物分布情况的图纸。

2）电路图的组成元素：电路图主要由元件符号、连线、结点、注释四部分组成。

① 元件符号：表示实际电路中的元件，它的形状与实际元件不一定相似，但引脚数目与实际元件相同。

② 连线：表示实际电路中的导线，它在原理图中是一根线，但在印刷电路板中通常是各种形状的铜箔块。

③ 结点：表示几个元件引脚或几条导线之间相互的连接关系，电路图中所有与结点相连的元件引脚、导线都是导通的，其中将相连的交叉点加实心圆点进行区别表示。

④ 注释：表示元件的型号、名称、线路等，在电路图中通常用文字表示元件的型号、名称等，用颜色表示各种不同的线路，一般约定橙色表示发射线路，绿色表示接收线路和时钟线路，红色表示供电线路，黑色表示其他线路。

3）电路图的读图方法：读图时要重点关注手机电路原理图中的信号通道线、控制线和电源线，结合主要元件的英文缩写和习惯表示法，以主要的集成电路芯片为核心，来识别手机的射频电路、电源电路、逻辑/音频电路和输入/输出接口电路几大部分。

① 掌握手机电路中如电阻、电容、电感、二极管、三极管、场效应管、集成元件、电声器件、开关器件、滤波器、显示屏等常用电子元器件的种类、性能、特征、特性、表示符号、功能等基础知识。

② 掌握由常用电子元器件组成的如电源电路、放大电路、滤波电路、振荡电路等单元电路的作用、特点等基础知识，了解欧姆定律、基尔霍夫定律等电路原理基础知识。

③ 理解电路图中的基本概念，如：信号的基本走向、关键点的电压、如何形成回路、控制信号在哪里等，了解手机的主要构成和主要功能。

④ 了解电路图中常见英文缩写的含义，如：射频电路中与接收机电路相关的 RX、LNA、MIX、RXEN、RXI/Q 等，与发射机电路相关的 TX、PA、TXVCO、APC、TX-EN、TXI/Q 等，与频率合成电路相关的 VCO、RXVCO、TXVCO、RFVCO 等，逻辑/音频电路中的 SPK、EAR 等，电源电路中的 VBATT、VBOOST、PWR 等。

⑤ 了解每个元件在主板元件位置图中的编号规则。这个编号主要由英文字母和数字编号两部分组成。其中，电阻类以 R 或 VR 开头，电容类以 C 开头，电感类以 L 开头，二极管类以 D 开头，三极管类以 Q 开头，芯片类以 U 开头，接口类以 J 开头，晶振类以 X 开头，侧键类以 S 开头，振动类以 M 开头，电池类以 B 开头，屏蔽罩以 SH 开头，测试点以 TP 开头。

⑥ 了解元件功能的查找方法：首先查看该型号的主板元件位置图，根据该元件所在位置找到该元件的编号，再根据元件编号查看主板原理图找到该元件编号的位置，根据该元件周围线路标识或该元件所在图纸的说明从而判断该元件的作用。

【器材准备】

①某一机型的手机电路图；②某一机型的手机电路板；③各种不同类型的手机元器件；④联网的计算机；⑤台灯放大镜；⑥彩色铅笔；⑦卡纸。

【项目准备】

对给定机型的手机电路图纸进行初步识读，完成表5-1。

表 5-1   **手机图纸类型的项目准备单**

序号	手机图纸类型	该图纸的构成要素	图纸的主要特点	图纸中的主要英文缩写
1	功能方框图			
2	电路原理图			
3	元件分布图			
4	电路板实物图			

5.1.3 任务

1) 从手机功能方框图的角度，初步完成给定机型的手机识图。

2) 从手机电路原理图的角度，初步完成给定机型的手机识图。

3) 从手机元件分布图的角度，初步完成给定机型的手机识图。

4) 从手机电路板实物图的角度，初步完成给定机型的手机识图。

5.1.4 行动

【行动要求】

1) 采用小组协作法，各小组由组长根据任务进行分工，全体组员共同完成任务单的各项内容。

2) 每个小组必须严格遵守任务实施步骤和实验安全操作规范，从不同的角度初步完成对给定机型手机的识图。

3) 遇到疑难问题先进行小组内部的集体分析讨论，探求解决方案，确实无法解答的可以进行组间讨论或向老师请教，老师做好巡回指导，遇到共性问题及时进行解答。

4) 各种类型图纸的深入识读，将在下一项目进行讲授。

【行动内容】

行动 1. 剖析各种类型手机图纸之间的关系

手机图纸一般分为四种类型：功能方框图、电路原理图、元件分布图和电路板实物图。

功能方框图只是简单地将电路按照功能划分为几个部分，每个部分用一个方框表示，框中用简单概括的文字进行说明，方框之间的关系用带箭头的连线进行表示，它只能大致体现电路工作原理，是一种简单的电路原理图。

电路原理图则详细绘制了电路全部元器件以及它们相互之间的连接方式，可以详细表明电路的工作原理，可以作为采集元件和制作电路的依据。

为了确保让所有元件的分布和连接合理，实际电路设计时需要综合考虑元件体积、散热、抗干扰、抗耦合等诸多因素。因此，电路板实物图与元件分布图基本相同，但却与电路原理图大不相同。

行动 2. 剖析给定机型各种类型手机图纸中的构成要素

1）手机功能方框图中手机电路由射频电路、电源电路、逻辑/音频电路和输入/输出接口电路几大部分组成。

2）手机电路原理图和手机实物板图均由元件符号、连线、结点、注释四部分组成。其中，元件符号主要由电阻、电容、电感等 SMT 小元件或小组件、二极管、三极管、场效应管等半导体器件和电声器件、开关器件、滤波器件、显示器件等各种特殊元器件组成，连线主要由信号通道线、控制线和电源线组成，结点由不交叉的结点和交叉相连的实心结点组成，注释主要由各种文字和不同颜色组成。

3）手机元件分布图由各种不同类型的元器件符号组成。

行动 3. 剖析给定机型手机图纸的读图方法

1）根据每个元件在主板元件位置图中的编号规则找出给定机型手机图纸中各类元件编号，完成表 5-2 中的相应内容。

2）根据元件功能的查找方法找出给定机型手机图纸中各类元件的标识和作用，完成表 5-2 中的相应内容。首先查看该型号的主板元件位置图，根据该元件所在位置找到该元件的编号，再根据元件编号查看主板原理图找到该元件编号的位置，根据该元件周围线路标识或该元件所在图纸的说明从而判断该元件的作用。

表 5-2   手机元件编号的项目行动单

序号	手机元件类型	开头字母	相应的手机元件数字编号	元件作用
1	电阻类			
2	电容类			
3	电感类			
4	二极管类			
5	三极管类			
6	芯片类			
7	接口类			
8	晶振类			
9	侧键类			
10	振动类			

行动 4. 剖析给定机型手机图纸中的主要英文缩写

1）分析射频电路中 RX、LNA、MIX、RXEN、RXI/Q 等与接收机电路相关的英文缩写的含义。

2）分析射频电路中 TX、PA、TXVCO、APC、TXEN、TXI/Q 等与发射机电路相关的英文缩写的含义。

3）分析射频电路中 VCO、RXVCO、TXVCO、RFVCO 等与频率合成电路相关的英文缩写的含义。

4）分析逻辑/音频电路中的 SPK、EAR 等主要英文缩写的含义。

5）分析电源电路中的 VBATT、VBOOST、PWR 等主要英文缩写的含义。

5.1.5 评估

【评估目标】 你是否具备了完成手机图纸识读的初步能力？

【评估标准】 如表 5-3 所示，评估结果用 A＋、A、B、C 来分别表示优秀、良好、合格、不合格。

表 5-3 项目评估用表

评估项目	评估内容	小组自评	教师评估
应知部分	1. 能简要分析手机的几种类型图纸作用 2. 知道从哪些角度进行一部手机图纸的识读 3. 能准确表达各种不同类型手机图纸的读图方法 4. 能详细记录各种不同类型手机图纸的基本信息 5. 能正确填写项目准备单和项目行动单的各项内容		
应会部分	1. 态度端正，团队协作，能积极参与所有行动 2. 主动参与行动，能按时按要求完成各项任务 3. 认真总结，积极发言，能正确解读项目准备单中的问题 4. 规范操作，无图纸损坏情况 5. 注重安全，无图纸丢失情况		
学生签名：	教师签名：	评价日期： 年 月 日	

【课后习题】

1）总结不同类型手机图纸的识读方法。

2）简述如何观察和记录一张手机图纸的基本信息。

3）分析不同类型的手机图纸之间有何关联。

【注意事项】

1）在观察手机图纸基本信息的过程中，应注意操作规范，运用彩色铅笔进行分别标示，不损坏不丢失图纸。

2）在记录手机图纸基本信息的过程中，应注意运用比较和对比的方法，总结规律，区别度明显。

项目5.2 手机功能方框图和电路原理图的识读

5.2.1 目标

1）学会识读手机整机功能框图和电路原理图。

2）掌握手机电路各部分的功能结构。

3）理解手机电路的信号流程与工作原理。

4）学会分析手机整机功能框图和电路原理图。

5.2.2 准备

【必备知识】

（1）手机组成

由个人用户身份识别卡（简称 SIM 卡，也叫智能卡）和移动设备（ME，即：机体）组合而成。

（2）SIM 卡基本知识

1）SIM 卡的发展。SIM 卡可用于 2G、3G、4G、5G 网络，其中，2G 中的 GSM 网络使用 SIM 卡、IS-95CDMA 网络使用 UIM 卡，3G 中的 WCDMA 网络和 TDSCDMA 网络使用 SIM 卡、CDMA2000 使用 RUIM 卡，UIM 卡和 RUIM 卡属于广义上的 SIM 卡，两者作用类似，遵守一样的机械、电气标准和部分软件标准，只是部分上层应用不相同，需要考虑其兼容问题。

2018 年 12 月 1 日，天津等五省市率先启动携号转网，不换号码可转运营商。2019 年 1 月 1 日，三家基础电信企业提供手机卡异地销户服务。2019 年 2 月 18 日，中国电信下发国内第一张号码为 133×××× 0001 的 5G SIM 卡，这意味着离通信运营商开启 5G 放号的时代已为时不远。

2）SIM 卡的作用。SIM 卡的作用主要是完成对移动电话用户所在网络的本地系统信息和用户个人的基本信息，加密算法 A3、A8、密钥 Ki、PIN、PUK 和 Kc，用户身份鉴权、用户的电话簿等内容的存储。一张 SIM 卡唯一标识一个客户，它可以插入任何一部手机中使用，且使用手机所产生的一切费用直接记录在该 SIM 卡所唯一标识的客户账户上。网络运营商对移动电话用户的管理实际上就是对 SIM 卡的管理，手机开机后就立即将 SIM 卡内存储的信息发送到基站，然后由基站送到移动网络交换中心，完成对客户身份的鉴别和通话过程中的语音信息加密。PIN 码可由用户在手机上自己设定，PUK 码由运营者持有，Kc 是在加密过程中由 Ki 导出的。

3）SIM 卡的电路组成。SIM 卡主要由 CPU（8 位/16 位/32 位）、程序存储器 ROM、工作存储器 RAM、数据存储器 EEPROM 和串行通信单元 I/O 电路组成。卡内数据存储器 EEPROM 的容量决定 SIM 卡能够储存多少电话号码和短信。

主要端口有：电源（SIM VCC，一般为 5V）、时钟（SIM CLK，为 3.25MHz）、数据（SIM DATA 或 SIM I/O）、复位（SIM RST）、接地（GND）。

4）SIM 卡的容量。卡片类型（MINI-SIM，Micro-SIM，Nano-SIM）和卡片容量无关。SIM 卡容量有 8K、16K、32K、64K，甚至 1MB 等。多为 16KB 和 32KB，其中 512K 以上大容量的 SIM 卡统称为 STK 卡，一般 SIM 卡的 IC 芯片中，有 128KB 的存储容量，可供储存以下信息：1000 组电话号码及其对应的姓名文字、40 组短信息（Short Message）、5 组以上新拨出的号码、4 位 SIM 卡密码（PIN）。

5）SIM 卡的尺寸。SIM 卡分为 Mini-SIM 卡、Micro-SIM 卡和 Nano-SIM 卡三种尺寸，Micro-SIM 卡的尺寸规格比 Mini-SIM 卡小 52%，Nano-SIM 卡比 Micro-SIM 卡更小，而且原来金属触点外围的圆角也变为了直角，其尺寸如表 5-4 所示。除上述三种尺寸外，还有一种由北京移动推出的"双用"SIM 卡，采取凹槽设计，它可同时兼容普通 SIM 卡手机和 Micro-SIM 卡智能机，外形采用卡托套 Micro-SIM 卡的形式，Micro-SIM 卡可以严丝合缝地嵌在外层的卡托中。对于普通 SIM 卡手机的用户，直接抠下此 SIM 卡外层的大卡，安装即可使用，对于智能机用户则只需抠下里面的小卡，变为 Micro-SIM 卡使用。

表 5-4　　　　　　　　　　　　　　　SIM 卡的尺寸

序号	SIM 类型	俗称	型号规格	长×宽×厚（单位为 mm）
1	Mini-SIM	标准卡	2FF SIM 卡，即第二类规格 SIM 卡	25×15×0.76
2	Micro-SIM	小卡	3FF SIM 卡，即第三类规格 SIM 卡	12.3×15×0.76
3	Nano-SIM	微型 SIM 卡	4FF SIM 卡，即第四类规格 SIM 卡	12.3×15×0.76

6）SIM 卡内存储器的内容。SIM 卡包含了所有属于本用户的信息。

① 国际移动用户识别码（IMSI 码）。

② 临时移动用户识别信令（LAI），为漫游作区域识别标记。

③ 本地系统信息、控制信道。

④ 用户个人信息（就是手机设置的服务功能信息）。

⑤ 个人识别码（PIN 码）及 PUK 解锁码。

⑥ 呼叫限制码。

⑦ A3、A8 加密算法。

7）SIM 卡卡号。SIM 卡上有 20 位数码（即 ICCID 号）的含义：

前面 6 位为网络代号：（898600）是中国移动的代号；（898601）是中国联通的代号；（898603）是中国电信的代号。

第 7 位是业务接入号，在 133、135、136、137、138、139 中分别为 1、5、6、7、8、9。

第 8 位是 SIM 卡的功能位，一般为 0，预付费 SIM 卡为 3。

第 9、10 位是各省的编码（其中，01：北京，02：天津，03：河北，04：山西，05：内蒙古，06：辽宁，07：吉林，08：黑龙江，09：上海，10：江苏，11：浙江，12：安徽，13：福建，14：江西，15：山东，16：河南，17：湖北，18：湖南，19：广东，20：广西，21：海南，22：四川，23：贵州，24：云南，25：西藏，26：陕西，27：甘肃，28：青海，29：宁夏，30：新疆，31：重庆）；第 11、12 位是年号；第 13 位是供应商代码；第 14～19 位则是用户识别码；第 20 位是校验位。

8）SIM 卡密码。PIN 码是指 SIM 卡的密码，存在于 SIM 卡中，其出厂值为 1234 或 0000。激活 PIN 码后，每次开机要输入 PIN 码才能登录网络。PUK 码是用来解 PIN 码的万能钥匙，共 8 位。用户是不知道 PUK 码的，只有到营业厅由工作人员操作才知道。当 PIN 码输错 3 次后，SIM 卡会自动上锁，此时只有通过输入 PUK 才能解锁。PUK 码共有 10 次输入机会。所以此时，用户千万不要自行去碰 PUK 密码，输错 10 次后，SIM 卡会自动启动自毁程序，使 SIM 卡失效。此时，只有重新到营业厅换卡。

SIM 卡有两个 PIN 码：PIN1 码和 PIN2 码。我们通常讲的 PIN 码是指 PIN1 码，它用来保护 SIM 卡的安全，是属于手机用户的 SIM 卡密码。PIN2 码也是 SIM 卡的密码，但它跟网络的计费（如储值卡的扣费等）和 SIM 卡内部资料的修改有关，所以 PIN2 码是保密的，普通用户无法使用 PIN2 码。

在设置固定号码拨号和通话费率（需要网络支持）时需要 PIN2 码。每张 SIM 卡的初始 PIN2 码都是不一样的。一般情况下是 2345。如果 3 次错误地输入 PIN2 码，PIN2 码会被锁定。这时同样需要到营业厅去解锁。如果在不知道密码的情况下自己解锁，PIN2 码也会永久锁定。PIN2 码被永久锁定后，SIM 卡可以正常拨号，但与 PIN2 码有关的功能再也无法使用。以上各种码的默认状态都是不激活。

9）SIM 卡的引脚。SIM 卡芯片有 8 个触点，与移动台设备相互接通。

① 电源 VCC（触点 C1）：$4.5 \sim 5.5$V，ICC$<$10mA。

② 复位 RST（触点 C2）。

③ 时钟 CLK（触点 C3）：卡时钟 3.25MHz。

④ 不提供（触点 C4）。

⑤ 接地端 GND（触点 C5）。

⑥ 编程电压 VPP（触点 C6）。

⑦ 数据 I/O 口（触点 C7）。

⑧ 不提供（触点 C8）。

（3）移动设备的电路结构

以 GSM 手机为例，整机简略功能图如图 5-1 所示，整机完整功能图如图 5-2 所示，其电路结构主要包括电源电路、射频电路、逻辑音频处理电路、逻辑控制与接口电路四大部分。

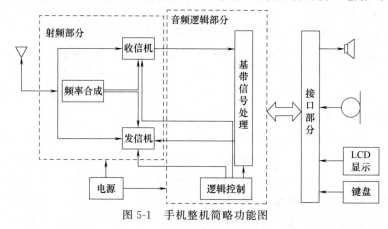

图 5-1　手机整机简略功能图

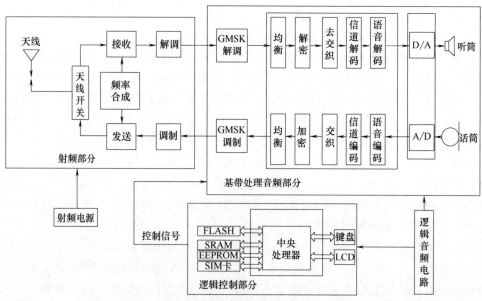

图 5-2　手机整机详细功能图

1）电源电路。如图 5-3 所示为手机电源电路功能图，按下开机键，启动电源电路，产生各路电压送给射频、逻辑处理等电路。

2）射频电路。手机的射频处理部分采用收发全双工工作方式，主要包括接收机射频电路、发射机射频电路和频率合成环路三部分。

① 接收机射频电路有三种形式，分别是超外差一次变频接收机、超外差二次变频接收机、直接变换为零中频的接收机。

a. 超外差一次变频接收机。如图 5-4 所示为超外差一次变频接收机功能图。在射频接收过程中，它只有一次混频，因此属于超外差一次变频接收机。天线感应到的无线信号经天线电路和射频滤波器进入接收机电路。接收到的信号首先由低噪声放大器进行放大，低噪声放大器也称为高放电路，放大后的信号再经射频滤波器滤波后，被送到混频器。

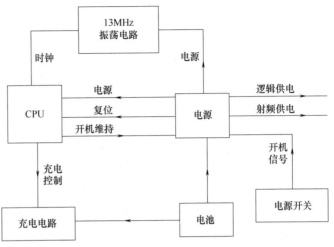

图 5-3 手机电源电路功能图

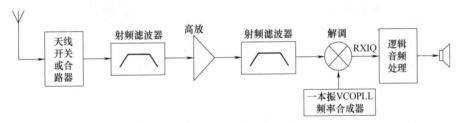

图 5-4 超外差一次变频接收机功能图

b. 超外差二次变频接收机。如图 5-5 所示为超外差二次变频接收机功能图。在射频接收过程中，它有两个混频电路，其中，第二中频信号比接收机的第一中频信号频率低，因此属于超外差二次变频接收机。

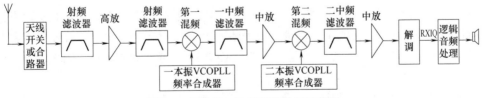

图 5-5 超外差二次变频接收机功能图

第一混频电路是把本机振荡信号同天线电路接收到的射频信号进行差频，得到所需的第一中频信号。

第二混频电路是把第二本振同接收的第一中频进行差频，得到所需的第二中频信号。

c. 直接变频线性接收机。如图 5-6 所示为直接变频线性接收机功能图。它是一种比较特殊的接收机，本机振荡信号与射频信号混频后产生的信号不经过解调直接作为接收基带信号 RXIQ 送到逻辑音频处理电路。

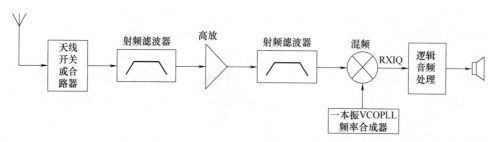

图 5-6　直接变频线性接收机功能图

② 发射机射频电路有三种形式，分别是直接上变频、间接上变频、带锁相环偏移混频的发射机电路。

a. 带偏移锁相环的发射机。如图 5-7 所示为带偏移锁相环的发射机功能图，是数字移动通信设备中常见的一种发射机，用 OPLL 表示，电路包括 TXIQ 中频调制、发射变换电路、TXVCO、高频功率放大器等电路。

电路工作时，先在较低的中频上进行调制，得到已调发射中频信号，然后将发射中频信号转换为最终发射射频信号。

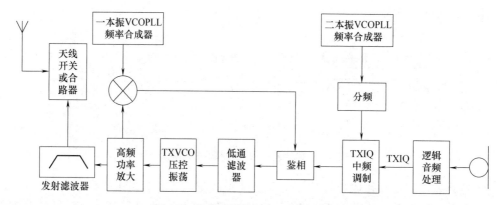

图 5-7　带偏移锁相环的发射机功能图

b. 带发射上变频电路的发射机。如图 5-8 所示为带发射上变频电路的发射机功能图，用发射上变频电路取代了发射变换和 TXVCO 电路，最终发射信号由发射上变频电路产生发射信号。发射机在 TXIQ 调制之前与上图是一样的，其不同之处在于 TXIQ 调制后的发射已调信号在一个发射上变频中与一本振 VCOPLL（或 UHFVCO、RFVCO）混频，得到最终发射信号。

c. 直接调制的发射机。如图 5-9 所示为直接调制的发射机功能图，它将调制与上变频合为一体，发射基带信号 TXIQ 不再是调制发射中频信号，而是直接对 VCOPLL 信号进行调制，得到最终发射频率的信号。

直接调制的发射机就是将逻辑音频处理电路送来的发射基带 TXIQ 信号直接加到调制振荡器上产生窄带的调频信号，再送入高频功放进行功率放大，最后经双工器（天线开关

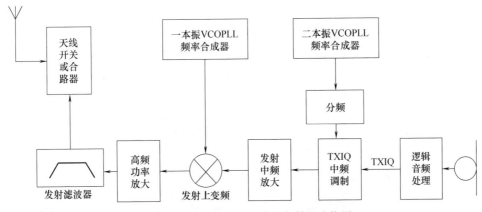

图 5-8 带发射上变频电路的发射机功能图

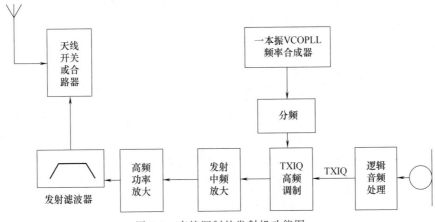

图 5-9 直接调制的发射机功能图

或合路器）由天线发射出去。

③ 频率合成环路如图 5-10 所示，由参考振荡电路、压控振荡器、低通滤波器 LPF、鉴相器 PD 和分频器五部分组成。

a. 参考振荡电路产生一个带温度补偿的参考信号，作为频率合成电路的基准信号，或作为基带电路的逻辑时钟信号。

在 GSM 手机中，参考振荡电路产生的信号频率有：13MHz、26MHz 和 19.5MHz，不管为多少，总与"13"有关；在 CDMA 手机中，参考振荡电路产生的信号频率有：19.68MHz、19.2MHz 和 19.8MHz；在 WCDMA 手机中，参考振荡电路产生的信号频率有：19.2MHz、38.4MHz 和 13MHz。

b. 鉴相器 PD：相位比较器，是一个"相差—电压"转换装置，将相差信号转换成电压。

c. 低通滤波器 LPF：是一个环路滤波器，位于鉴相器和 VCO 电路之间，是一个 RC 电路，通过对电阻和电容的参数进行设置，滤出高频成分。

d. 压控振荡器 VCO：是一个"电压—频率"转换装置，将电压信号的变化转换成频率的变化。这个转换过程中电压控制功能的完成是通过一个特殊器件——变容二极管来实现的，控制电压实际是加在变容二极管两端的。

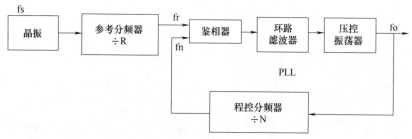

图 5-10　频率合成环路功能图

e. 分频器：位于 VCO 和 PD 之间，将 VCO 输出的信号进行分频，为 PD 提供频率比较低的信号，从而提高整个控制环路的控制精度，分为 N 分频器和程控分频器两种。

3）逻辑音频处理电路。如图 5-11 所示为逻辑音频处理电路功能图，包括接收的数字音频信号处理过程和发送的数字音频信号处理过程，其中：

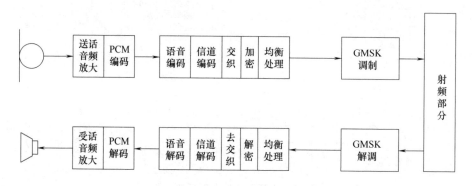

图 5-11　逻辑音频处理电路功能图

① 接收过程的逻辑处理。射频解调电路输出接收基带 RXIQ 信号，RXIQ 信号送到逻辑音频处理电路进行 GMSK 解调，形成 270.833kbit/s 的数字信号，然后送到中央处理器 CPU 内，对数字信号进行去交织、解密、自适应均衡处理、信道解码，去掉 9.8kbit/s 的纠错码元，形成 13kbit/s 的数字信号，然后再进行语音解码（RPE-LTP），形成 64kbit/s 的语音数字信号，经过处理后的数字信号再送到 PCM D/A 进行转换，把语音数字信号还原成模拟的语音信号，再经过受话音频放大器足够放大，从而推动受话器发出声音。

② 发送过程的逻辑处理。话音经话筒进行声/电转换后，获取到微弱的语音电信号，然后经过送话音频放大器放大后得到适合于通信的语音信号。经放大后的语音电信号送入多模 PCM A/D 进行转换，形成 64kbit/s 数字语音信号。此数字语音信号进行语音压缩编码（RPE-LTP），形成 13kbit/s 的数字信号，再进行信道编码，在 CPU 内部加上 9.8kbit/s 的纠错码元，以防止在传输过程中受到干扰而令语音失真，接着进行交织、加密，然后经过 GMSK 数字调制后输出发射基带 TXIQ 信号，最后送至射频发射电路进行上变频处理。

4）逻辑控制与接口电路。如图 5-12 所示为逻辑控制与接口电路功能图，主要由逻辑控制部分及其接口电路组成，以实现对整机所有操作的控制，即：完成手机与基站间通信的连接控制；手机将接收到的信号还原成声音或字符的整个过程控制；将需传送的声音或字符变换成无线电波发射出去整个过程的控制；对键盘、显示、振铃等电路的控制。

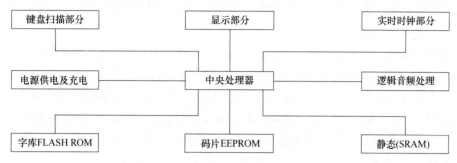

图 5-12　逻辑控制与接口电路功能图

① 逻辑接口电路包括：键盘电路、显示电路、用户识别卡电路、实时时钟电路、振铃振动及状态指示灯电路、键盘和显示背景灯电路等。

a. 键盘扫描部分：是手机收发信息的必经之路。

b. 显示部分：键盘通过软排线或导电橡胶将手机信息显示出来。

c. 用户识别卡电路：是手机打开网络的钥匙，决定个人用户识别卡能否正常工作。

d. 实时时钟部分：为手机提供一个准确的实时时钟信号，是一个 32.768kHz 的晶振。

e. 振铃、振动器用于提示用户有来电。

f. 信号指示灯表示手机的收信和发信状态。

② 逻辑控制电路包括：微处理器（CPU）、数据存储器（RAM、SRAM）、程序存储器（EEPROM、FLASH ROM），将它们统称为单片机，其功能应用如图 5-13 所示。

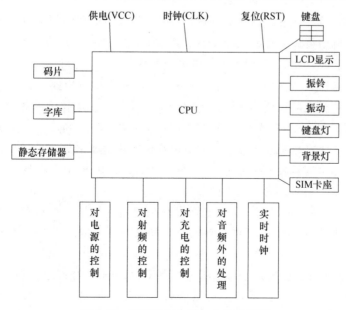

图 5-13　逻辑控制与接口电路功能图

a. 微处理器（CPU）。手机的控制中枢系统，是手机逻辑控制部分的核心，通过运行存储器内的软件和调用存储器内的数据库来控制手机的工作。

b. 数据存储器（RAM、SRAM）。提供手机工作的空间，是随机存储器，其中，RAM 用于存储手机运行过程中需暂时保存的信息，SRAM 用于快速存取数据或指令，但一旦断电数据立即丢失。

c. 程序存储器（EEPROM、FLASH ROM）。存储手机工作所需要的各种软件和数据。

Flash ROM 又称为字库或版本，是一个快擦写存储器，是手机的"灵魂"，存储手机的基本程序和各种功能程序，断电后信息不会丢失，一旦损坏将导致手机陷入瘫痪状态。

EEPROM 又称为码片，是电擦除可编程只读存储器，用来存储系统参数和一些可修改的数据，可在线修改存储器内的数据和程序，支持断电后保持修改结果，一旦损坏将导致手机某些功能失效。

（4）手机整机工作流程

1）整机接收流程。

天线→天线开关或合路器→高频放大→一变频→一中放→二变频→二中放→鉴频→GMSK 解调→均衡处理、解密、去交织→信道解码→语音解码→PCM D/A 转换器→受话音频放大→受话器。

2）整机发射流程。

送话器→送话音频放大→PCM A/D 转换→语音编码→信道编码→交织→加密→均衡处理→GMSK 数字调制→FM 中频调制→发射偏移调制器→高频功率放大→发射带通滤波器→双工器→天线。

（5）手机整机电路图的英文缩写识别

手机整机电路主要包括电源、射频、逻辑音频处理、逻辑控制与接口电路四部分。手机电路图中所涉及英文缩写很多，通常表示为：

1）电源电路识别。电池电源用 VBATT 或 VBAT，也有用 VB、B+ 来表示，有的电源是集成电路，可用英文缩写 CAP 或 GCAP 来表示，开机线用 PWR-SN 来表示，R275 表示射频供电 2.75V，L275 表示逻辑供电电压 2.75V。

2）射频电路识别。射频电路包括三部分，即接收机射频电路、发射机射频电路和频率合成电路。在进行电路识别时应注意电路中的英文缩写及电路中的各种标注。

收、发电路识别：ANT-天线，信号频率标注为 935～960MHz、1805～1880MHz 或 RX-GSM、RX-DCS 的可判定它所在电路是接收机电路射频部分，且接收机信号一般从左向右方向传输；相反信号频率标注为 890～915MHz、1710～1785MHz 的可判定它所在的电路为发射机电路，信号从右向左方向传输。

3）逻辑音频处理电路识别。音频电路识别是通过送话器和耳机图形来查找的，还有的通过英文缩写来确定是否是接收音频电路，如 SPK、EAR、EARPHONE 和 SPEAKER 等。

4）逻辑控制与接口电路识别。JXXX 或 JXXXX 表示：底部连接器、SIM 卡连接器、免提连接器、显示接口、键盘接口、送话器触点和振铃器触点等，有时还用 CNXXX 或 Xxxx 等来表示。

【器材准备】

①手机整机功能方框图图样；②手机整机电路原理图图样；③手机电路实物印制板图图样；④台灯放大镜；⑤彩色铅笔。

【项目准备】

表 5-5 手机整机功能框图识读的项目准备单

序号	具体内容	电路组成	电路作用
1	个人用户信息识别卡		
2	电源电路		
3	发射机射频电路		
4	接收机射频电路		
5	频率合成环路		
6	逻辑音频处理电路		
7	逻辑控制与接口电路		

5.2.3 任务

1）完成 SIM 卡的个性化设置。

2）分析手机电源电路的功能和工作过程。

3）分析手机射频电路的功能和工作过程。

4）分析手机逻辑音频处理电路的功能和工作过程。

5）分析手机逻辑控制与接口电路的功能和工作过程。

5.2.4 行动

【行动要求】

1）采用小组协作法，各小组由组长根据任务进行分工，全体组员共同完成任务单的各项内容。

2）每个小组必须严格遵守任务实施步骤和实验安全操作规范，完成手机图纸的剖析。

3）遇到疑难问题先进行小组内部的集体分析讨论，探求解决方案，确实无法解答的可以进行组间讨论或向老师请教，老师做好巡回指导，遇到共性问题及时进行解答。

【行动内容】

行动 1. SIM 卡的个人化设置

1）设置 PIN 码。

说明：输入 PIN 码累计出错 3 次，SIM 卡将被闭锁，将会导致"锁卡"现象，这时 SIM 卡无法使用，需要输入 PUK 码来解锁。

2）设置 PUK 码。

说明：PUK 码累计输错十次，卡将报废，需重新补卡。

行动 2. 剖析电源电路

1）剖析手机开机触发电路的工作过程。

2）剖析稳压块在手机供电电路中的作用。

3）剖析升压和降压电路的作用。

行动 3. 剖析射频电路

1）剖析射频部分的基本功能。

2）剖析接收机部分。

3）剖析发射机部分。

4）剖析频率合成电路部分。

行动 4. 剖析逻辑音频处理电路

1）剖析接收逻辑音频处理过程。

2）剖析发射逻辑音频处理过程。

行动 5. 剖析逻辑控制与接口电路

1）剖析手机工作条件。

① 符合标准且稳定的供电电源。

② 正常的工作时钟。

③ 正确的复位（RESET）信号。

④ 正确的软件程序。

2）剖析手机中单片机的控制过程。

① 手机控制过程的起点和终点站，即为接口电路。

② 数据信息的来源和加工处理。

③ 界面部分的工作情况。

5.2.5 评估

【评估目标】 你是否具备了识读手机整机功能框图和电路原理图的能力？

【评估标准】 如表 5-6 所示，评估结果用 A＋、A、B、C 来分别表示优秀、良好、合格、不合格。

表 5-6　　　　　　　　　　　　　　　　项目评估用表

评估项目	评估内容	小组自评	教师评估
应知部分	1. 能正确识读手机整机功能图以及相应的单元电路 2. 能熟练画出射频部分功能框图 3. 能画出逻辑音频处理部分功能框图 4. 能画出逻辑控制及接口电路功能框图 5. 能正确填写项目准备单的各项内容		
应会部分	1. 态度端正，团队协作，能积极参与所有行动 2. 主动参与行动，能按时按要求完成各项任务 3. 认真总结，积极发言，能正确解读项目准备单中的问题		
学生签名：	教师签名：	评价日期：　年　月　日	

【课后习题】

1）总结每一款手机射频电路的结构形式。

2）简述手机整机电路结构组成，分析各部分的功能。

3）简述手机的开机工作条件。

【注意事项】

1）在识读整机功能框图的过程中，应注意运用比较和对比的方法，总结规律。

2）注意手机单元电路的英文缩写，关注发射和接收信号传输通道。

项目 5.3 手机元件分布图和电路板实物图的识读

5.3.1 目标

1）掌握手机元件分布图和电路板实物图的识读方法。

2）了解手机印刷电路板的结构组成。

3）学会将元件分布图和电路板实物图对照起来分析手机工作过程。

5.3.2 准备

【必备知识】

（1）手机芯片

对于不同阶段、不同系列的手机，最大的区别主要是外形、和弦铃声及屏幕不同，其框架结构基本上是一致的。手机终端中最重要的核心就是射频芯片和基带芯片。射频芯片负责射频收发、频率合成、功率放大，主要起到一个发射机和接收机的作用；基带芯片负责信号处理和协议处理。同一种模式下有成千上万种芯片，但由于硬件集成度上的不同，通常每个系列会选择 2~3 种典型硬件设计模式，每种模式下的电路结构、工作过程基本相同，甚至专业英文、标记也都一样，仅集成电路 IC 的集成度不一样而已。

1）基带芯片的作用。

① 主要是用来完成音频信号与基带码之间的相互转换。即：发射时，把音频信号编译成用来发射的基带码；接收时，把收到的基带码解译为音频信号。

② 完成地址信息（手机号、网站地址）、文字信息（短讯文字、网站文字）、图片信息等与基带码之间的相互转换。

③ 完成协议处理。

2）基带芯片的组成：它分为五个子模块，包括 CPU 处理器、信道编码器、数字信号处理器、调制/解调器和接口模块。

① CPU 处理器：用于完成对整个移动台的控制和管理，包括定时控制、数字系统控制、射频控制、省电控制、人机接口控制和跳频控制等。同时，CPU 处理器还可完成 GSM 终端所有的软件功能，包括 GSM 通信协议的 Layer1（物理层）、Layer2（数据链路层）、Layer3（网络层）、MMI（人-机接口）和应用层软件。

② 信道编码器：主要完成业务信息和控制信息的信道编码、加密等，其中信道编码包括卷积编码、FIRE 码、奇偶校验码、交织、突发脉冲格式化。

③ 数字信号处理器：主要完成采用 Viterbi 算法的信道均衡和基于规则脉冲激励-长期预测技术（RPE-LPC）的语音编码/解码。

④ 调制/解调器：主要完成 GSM 系统所要求的高斯最小移频键控（GMSK）调制/解调方式。

⑤ 接口模块：包括模拟接口、数字接口以及人机接口三个子块，其中模拟接口包括语音输入/输出接口和射频控制接口；辅助接口包括电池电量、电池温度等模拟量的采集；数字接口包括系统接口、SIM 卡接口、测试接口、EEPROM 接口、FLASH ROM 存储器接口、SRAM 存储器接口。ROM 接口主要用来连接存储程序的存储器 FLASHROM，在 FLASHROM 中通常存储 Layer1，Layer2，Layer3、MMI 和应用层的程序。RAM 接口主要用来连接存储暂存数据的静态 RAM（SRAM）。

3）基带芯片的类型。

① ABB：基带芯片可以处理数字信号，也可以处理模拟信号，最常见的 ABB 处理是完成对声音的捕捉和合成转换。

② DBB：手机的 DBB 有三种方案，低端手机的 DBB 采用单芯片，只内嵌一个 MCU 芯片；中高端手机的 DBB 采用双芯片，内嵌一个 MCU 芯片和一个 DSP 芯片；高端手机的 DBB 有三个芯片，一个 ARM7 主管通信部分，一个 ARM9 充当 MCU 负责应用，一个 DSP 专用芯片负责大计算编解码。

4）以三星系列手机为例，其基带芯片组合可分为 VLSI 系列、CONEXANT 系列、AGERE 系列以及 SYSOL 系列。

① VLSI 系列是指采用 VP 系列 CPU 的手机，如：A200、A288；N100、N188、N105；N200、N288；N300；N400；N500；N600、N608；N611；N620、N628；R200、R208；R210；R220；T100、T108；T400、T408、T410；T500、T508 等。

VP 系列的 CPU 型号主要有 VP40575、VP40578、VP40581 三种，其中 VP40578 与 VP40581 可以通用。因此 VP 系列的三星 GSM 手机又可以分为两大系列，分别是 VP40575 系列和 VP40578 系列。

② CONEXANT（美国科胜讯公司）系列手机指采用 CX 系列 CPU 的手机，如：A100、A188、A110；A300、A388、A308；A400、A408；M100、M188；T200、T208；C100、C108、C110；P510、P518 等手机。

CX 系列的 CPU 型号又分为 M4641、CX805 两种。因此 CX 系列的三星 GSM 手机又可以分为两大系列，分别是 M4641 系列和 CX805 系列。

③ AGERE（美国杰尔公司）系列手机即采用 AGERE 芯片系列手机，CPU 采用型号为 TR09。

AGERE 系列手机的电源 IC 型号有 PSC2005、PSC2006、PSC2016 三种，因此，AGERE 系列的三星 GSM 手机又可以分为三个系列，分别是 PSC2005 系列、PSC2006 系列和 PSC2106 系列共三种。

④ SYSOL（荷兰菲利浦公司）系列手机即采用 OM 系列 CPU 芯片的手机，主要包括 OM6353、OM6354、OM6357、OM6359 四种型号，不同型号之间不能互换。三星 GSM 手机采用了 OM 系列 CPU（OM6357）。

5）芯片的发展历程。

以华为手机为例，最具代表性的芯片是华为麒麟系列芯片。华为麒麟系列移动处理器芯片由华为下属子公司海思半导体子公司研制生产。海思半导体目前是中国本土最大的集成电路设计企业，多年来成功开发出 100 多款自主知识产权的芯片，全面应用于华为的整机产品，整体性能比肩国际同类产品水平，让华为在和国际芯片巨头议价时有了更多的话语权。

① 第一款四核手机华为 D1，它采用当时号称是全球最小的四核 A9 架构处理器海思 K3V2，尽管这款芯片存在发热和 GPU 图形处理器兼容问题，但仍然代表了华为手机芯片市场的技术突破，使得华为手机一举跻身顶级智能手机处理器行列。

② 第二款是华为领先手机芯片霸主高通一个月发布的旗下首款八核处理器 Kirin920 芯片，实现了异构 8 核 big. LITTLE 架构，直接整合了 BalongV7R2 基带芯片，可支持 LTECat.6，整体性能与同期的高通骁龙 805 不相上下，是全球首款支持该技术的手机芯片。华为 Mate7、P8 采用了这款芯片。

③ 第三款是华为麒麟芯片 Kirin950，采用台积电 16nmFinFET 工艺，集成的基带芯片将支持 LTECat.10 规范，成为后 4G 时代支持网速最快的手机芯片，作为对比，骁龙 810 目前仅支持 LTECat.9，要到下一代骁龙 820 才能支持 LTECat.10，再次实现了对高通的领先。华为 Mate8、P9、P9Plus 均采用了这款芯片。

④ 第四款是华为麒麟芯片 Kirin970，2017 年 9 月 2 日，华为在德国柏林 2017 国际电子消费展（IFA 2017）举办期间正式发布全球首款内置独立 NPU（神经网络单元）的人工智能手机芯片，是华为海思推出的一款采用了台积电 10nm 工艺的新一代芯片。该芯片性能表现优于同期高通和苹果芯片，且搭载寒武纪科技研发的神经网络处理单元（NPU），拥有深度学习神经网络计算能力，是全球首款移动端人工智能（AI）芯片。NPU（Neural-network Processing Unit，神经网络处理单元）是一种面向于神经网络技术，集成了常量运算、向量运算、矩阵运算、逻辑运算、数据转换以及控制指令等功能的深度神经网络加速芯片，其主要定位是解决深度神经网络中推断（深度学习中计算量最为巨大的部分）所涉及的复杂计算问题。麒麟 970 相比麒麟 960 性能提高 20%，功耗比提升 25%。芯片数从 8 核增加到了 12 核，在性能表现上做到了全球领先。

⑤ 第五款是华为麒麟芯片 Kirin980，全球首款只有 7nm 大小的芯片，在不足 $1cm^2$ 面积内集成了 69 亿晶体管，相比于高通骁龙 845 的 10nm 制程，可带来 20% 的性能提升、40% 的能效比提升、晶体管密度提升到 1.6 倍。采用了基于 Cortex-A76 的 2＋2＋4 核心设计，与上一代相比单核性能提升 75%，能效提升 58%。在业内首商用 Mali-G76 GPU，与上一代相比性能提升 46%、能效提升 178%。突破性地引入了 AI 调频调度技术，能够实时学习帧率、流畅度和触屏输入变化，通过预测手机任务负载、感知手机使用过程中存在的性能需求和负荷，智能地进行调配系统资源。在双 NPU 的加持下，获得了更加快速准确的 AI 运算能力。像是人脸识别、物体识别、物体检测、智能翻译等 AI 场景，更加迅速准确。拍照方面有第四代 ISP，有优秀的暗光、夜景拍摄能力，配合 Multi-pass 多重降噪技术，能够更加精准降低夜景照片中的噪点，让照片细节更丰富。华为 Mate 20 系列是首款搭载该芯片的手机。

（2）整机供电

以片内稳压器为核心，并与外围电路组成升压电路，而且其内部集成了 A/D、D/A 转换器和 SIM 卡接口电路，在中央处理器的控制下，完成对整机供电的功能，如图 5-14 所示。

1）逻辑供电。由电源模块提供两组电压，供逻辑部分使用。

① VBB 送出 2.8V 的电压，主要供中央处理器、存储器、数字音频处理模块、驱动

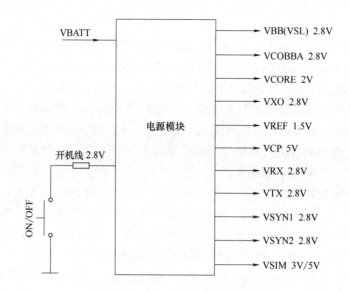

图 5-14 手机电源模块供电流程示意图

接口模块使用。

② VCORE 送出 2.0V 的电压，主要供中央处理器使用。

2）射频供电。由电源模块提供七组电压，其中 VXO 供电受到中央处理器的 VXOP-WR 信号的控制；VRX、VSYN1、VSYN2 等供电均受到中央处理器 SYNPWR 信号的控制；VTX 供电受到中央处理器 TXPWR 信号的控制。

① VXO 送出 2.8V 的稳定电压，主要给 26MHz、13MHz 主时钟电路供电。

② VRX 送出 2.8V 的电压，主要给双工模块内接收电路供电。

③ VSYN1 送出 2.8V 的电压，主要给双工模块内 PLL 频率合成器及高放接收电路供电。

④ VSYN2 送出 2.8V 的电压，主要给双工模块内 PLL 频率合成器供电。

⑤ VTX 送出 2.8V 的电压，主要给双工模块内发射电路供电。

⑥ VREF 送出 1.5V 的电压，主要给双工模块和音频处理模块内运算放大器供电，以做参考电压。

⑦ VCP 送出 5.0V 的电压，主要给本振供电管及本振压控振荡器相关本振电路供电。

3）13MHz 系统主时钟。如图 5-15 所示，电源模块 N100 送出 2.8V 的 VXO 供电到 26MHz 晶体 G502 及双工模块 N505，令 26MHz 主时钟 VCO 起振，产生 26MHz 的基准时钟信号。此信号在双工模块 N505 内经过二分频后，产生 13MHz 的基准时钟，此时钟经过 V800 三极管放大后，作为系统时钟送到中央处理器 D200。

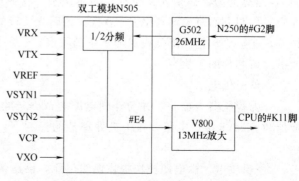

图 5-15 手机 13MHz 主时钟流程示意图

4）复位流程。如图 5-16 所示，复位电压一般来自于供电电路，当手机启动时，各单元均需要进行复位，常用 RESET（RST）或 PURX 标注，TI 芯片用 MRESPWRON 标注。如果复位未通过，CPU 一般不会驱动程序工作。

电源模块的 A5 脚送出复位电压 PURX 2.8V 到 CPU 的 B13 脚。

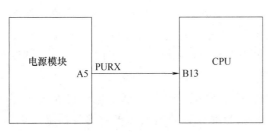

图 5-16　手机复位流程示意图

5）开机识别流程。如图 5-17 所示，当逻辑供电、系统时钟、复位信号均送到中央处理器后，中央处理器从其 E3 脚送出 2.8V 的开机请求检测信号，由于此时按下开机键还未松开，此电压马上经过开关机识别二极管、开关机按键对地构成回路，从而下拉为低电平，当时间超过 64ms 时，CPU 会判断其为开机请求。

6）调软件程序。如图 5-18 所示，CPU 是一个功能强大的单片机，它包含 MAD 系统微处理器、DSP 数字信号处理器、ASIC 专用集成电路、RAM（16K）和 ROM（80K），它从程序存储器内调出软件开机程序。

CPU 的程序储存在外部 FLASH 程序存储器中，它的存储器空间为 32Mbit ROM，数据存储器的存储空间为 4Mbit SRAM，FLASH 和 SRAM 集成在同一芯片中。

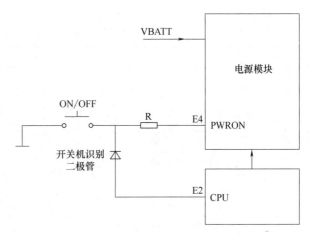

图 5-17　手机开机识别流程示意图

CPU 内部的总线控制器，产生外部存储器的片选信号 ROMSELX 和 RAMSELX，分别来选择读取（或写入）FLASH 和 SRAM 的数据。其他控制线完成读/写操作。地址总线（A0～A19）用来寻找指令或数据的存放单元，通过数据总线（D0～D15）来传送数据。

7）开机维持信号，也叫看门狗维持信号（WATCH DOG，缩写为 WDOG）。如图 5-19 所示，中央处理器 CPU 调用开机程序，并送出一路开机维持电压给供电电路，使供电保持一种输出状态，一般用 VALON、PWRBB（MT 芯片标注）、CBUSENXJ4078（UPP 芯片标注，CBUSENX 是总线选择使能信号）。

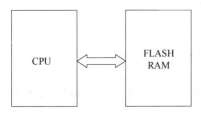

图 5-18　手机调软件程序流程示意图

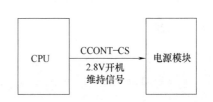

图 5-19　手机开机维持信号流程示意图

（3）手机关机过程

手机开、关机工作过程主要受到电源模块、中央处理器、存储器及双工模块的控制。

开机后，中央处理器的 E3 脚恢复为高电平，作为关机请求检测脚，关机时，按下 ON/OFF（开/关机按键），令与开关机按键相连接的开关机二极管正向导通，二极管把 CPU 的 E3 脚的 2.8V 高电平拉低，当时间超过 64ms 时，CPU 判断收到关机请求，它从存储器内调出软件关机程序，经 D/A 转换器转换成模拟控制信号送至电源模块内，当运行通过以后，CPU 把送至电源模块的开机维持信号撤掉，关断电源模块的各项输出电压，使电源模块停止供电输出，实现关机。当时间少于 64ms 时，CPU 判断为挂机或退出当前菜单的操作。

【器材准备】

①手机印刷电路板图图样；②手机电路原理图图样；③任意一块手机印刷电路板；④台灯放大镜；⑤彩色铅笔；⑥标签纸。

【项目准备】

表 5-7　　　　　　　　　　　手机印刷电路板图识读的项目准备单

序号	元件名称	元件型号	功能说明
1	元件		
2	CPU		
3	音频 IC		
4	电源 IC		
5	存储器		
6	音乐 IC		
7	充电 IC		
8	射频信号处理器		
9	接收 IQ 解调器		
10	频率合成器		
11	功放		
12	天线开关		

5.3.3　任务

1）识读手机整机电路原理图。

2）识读手机印刷电路板图。

3）对照手机印刷电路板图和实际的手机印刷电路板。

5.3.4　行动

【行动要求】

1）采用小组协作法，各小组由组长根据任务进行分工，全体组员共同完成任务单的各项内容。

2）每个小组必须严格遵守任务实施步骤和实验安全操作规范，完成手机图纸的剖析。

3）遇到疑难问题先进行小组内部的集体分析讨论，探求解决方案，确实无法解答的可以进行组间讨论或向老师请教，老师做好巡回指导，遇到共性问题及时进行解答。

【行动内容】

行动1. 识读手机电路原理图

1）准备一款手机电路原理图样，在图样上完成以下几个步骤：

① 用黑色铅笔画出接收信号通道，用红色铅笔画出发送信号通道，并标出各自的识图关键点。

② 用黄色铅笔画出收发信号公共通道，并标出各自的识图关键点。

③ 用绿色铅笔分别画出天线、双工滤波器、低噪声放大器、频率合成器、中频处理模块、音频处理模块、送话器、受话器、振铃器、振动器、功率放大器、CPU、存储器、显示屏电路、SIM（UIM）卡电路、键盘电路、电源电路等，并标出各自的识图关键点。

2）将上面步骤中标出的识图关键点填写到表5-8中。

表 5-8   手机电路原理图识读

手机型号		主板类型	
序号	识图内容	识图关键点	
1	接收信号通道		
2	发送信号通道		
3	射频接收电路结构		
4	射频发射电路结构		
5	射频滤波器		
6	射频双(三)频通道		
7	逻辑 IC		
8	VCO 电路		
9	主时钟电路		
10	音频处理电路		
11	摄像头接口电路		
12	输入/输出电路		
13	SIM（UIM）卡电路		
14	电源电路		
15	升压电路		
16	充电电路		

行动2. 识读手机印刷电路板图

1）准备一款手机印刷电路板图图样，在图样上完成以下几个步骤。

① 用黑色铅笔画出接收信号通道，用红色铅笔画出发送信号通道，并标出各自的识图关键点。

② 用黄色铅笔画出收发信号公共通道，并标出各自的识图关键点。

③ 用绿色铅笔分别画出天线、双工滤波器、低噪声放大器、频率合成器、中频处理模块、音频处理模块、送话器、受话器、振铃器、振动器、功率放大器、CPU、存储器、显示屏电路、SIM（UIM）卡电路、键盘电路、电源电路等，并标出各自的识图关键点。

④ 用蓝色铅笔画出直流供电线路。

⑤ 用紫色铅笔画出控制信号线路。

2）将上面步骤中标出的识图关键点填写到表 5-9 中。

表 5-9   手机电路原理图识读

手机型号		主板类型	
序号	识图内容	识图关键点	
1	接收信号通道		
2	发送信号通道		
3	射频接收电路结构		
4	射频发射电路结构		
5	射频滤波器		
6	射频双（三）频通道		
7	逻辑 IC		
8	VCO 电路		
9	主时钟电路		
10	音频处理电路		
11	摄像头接口电路		
12	输入/输出电路		
13	SIM（UIM）卡电路		
14	电源电路		
15	升压电路		
16	充电电路		

行动 3. 对照手机印刷电路板图和印刷电路板

1）任选一款手机电路的印刷板图和一块印刷电路板，对照电路板上的元器件实物，认识其外形特征。

2）根据整机功能图，从电源部分、射频部分、逻辑音频处理部分、逻辑控制与接口部分四个方面出发，找出各部分的关键元器件的分布规律，并说明各自的主要作用。

5.3.5　评估

【评估目标】　你是否具备了识读手机印刷电路板图的能力？

【评估标准】　如表 5-10 所示，评估结果用 A＋、A、B、C 来分别表示优秀、良好、合格、不合格。

表 5-10　　　　　　　　　　　　　　项目评估用表

评估项目	评估内容	小组自评	教师评估
应知部分	1. 能根据印刷板图找到实物以及元器件之间的相互连接 2. 将手机印刷电路板中的元器件实物与功能图对应 3. 安全无事故,不损坏机板 4. 能正确填写项目准备单的各项内容		
应会部分	1. 态度端正,团队协作,能积极参与所有行动 2. 主动参与行动,能按时按要求完成各项任务 3. 认真总结,积极发言,能正确解读项目准备单中的问题		
学生签名:	教师签名:	评价日期:　　年　　月　　日	

【课后习题】

1)总结每一款手机印刷电路板图与印刷电路板的关系。

2)简述手机印刷电路板的特点,分析各部分的关键元器件。

3)简述手机电路信号传输过程。

【注意事项】

1)应注意运用英文缩写、外观特征、文字标识等去识读整机印刷电路板图。

2)注意印刷电路板上各部分的关键元器件,注意总结各部分将引起的故障现象。

手机的测试

 模块描述

在手机维修中，使用测试设备、进行参数测试、进行手机回收检测与质量评估等是维修人员需要具备的必备能力。作为手机维修人员，通过对不同测试设备的学习使用，能熟练地使用设备，测试不同类型手机的各项参数，发现手机的工作状态是否运行正常，分析发现故障，快速地找到故障点，通过检测外观、功能、硬件等完成对手机的价值评估。

能力目标

1. 认识常见的手机测试设备。
2. 掌握不同测试设备的使用技巧。
3. 能够熟练地使用仪器、仪表进行手机参数测试，掌握手机参数的测试技巧。
4. 学会通过手机参数分析问题，能根据测试结果进行故障的初步分析和定位。
5. 具备手机品质检测的能力，能够对二手手机进行评估。
6. 具备团队协作、资料收集和自我学习的能力。

项目 6.1　手机的测试设备

6.1.1　万用表

6.1.1.1　目标

1）认识万用表，并熟悉各挡位及作用。

2）掌握万用表测量电压、电阻、电流等的使用方法。

6.1.1.2　准备

【必备知识】

万用表有多种称呼，如复用表、多用表等，是在电子信息及电力等领域中必备的测量仪表，主要用于测量电压、电流和电阻。以显示方式划分万用表种类，可分为指针万用表和数字万用表，具有多功能和多量程的特征。

【器材准备】

①数字万用表；②电阻；③ 5 号干电池；④测量电路板。

【项目准备】

按要求摆放好各实验器材，并准备好测量记录表，如表 6-1 所示。

表 6-1　　　　　　　　　　　　　　**万用表测量记录表**

序号	类别	测试 1	测试 2	测试 3
1	电阻			
2	电压			
3	电流			

6.1.1.3　任务

1）认识数字万用表，了解其功能及量程。

2）使用数字万用表测量电压、电流、电阻，从而掌握万用表的使用技巧。

6.1.1.4　行动

【行动要求】

1）采用小组协作法，各小组由组长根据任务进行分工，全体组员共同完成任务单的各项内容。

2）每个小组必须严格遵守任务实施步骤和实验安全操作规范，使用测试设备完成电压、电流、电阻的测量。

3）遇到疑难问题先进行小组内部的集体分析讨论，探求解决方案，确实无法解答的可以进行组间讨论或向老师请教，老师做好巡回指导，遇到共性问题及时进行解答。

【行动内容】

1）认识数字万用表，并了解其各挡位，如图 6-1 所示。

2）利用数字万用表测量给定电阻的电阻值。

3）利用数字万用表测量 5 号干电池的电压。

4）利用数字万用表测量测试电路板的电流。

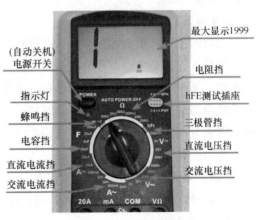

图 6-1　万用表挡位

6.1.1.5　评估

【评估目标】 你是否具备了数字万用表的基本使用技能？

【评估标准】 如表 6-2 所示，评估结果用 A＋、A、B、C 来分别表示优秀、良好、合格、不合格。

表 6-2　　　　　　　　　　　　　　项目评估用表

评估项目	评估内容	小组自评	教师评估
应知部分	1. 了解数字万用表的各功能 2. 了解数字万用表的各量程及其选择 3. 掌握安全注意事项		
应会部分	1. 掌握使用万能表测量电阻、电压、电流的基本技巧 2. 态度端正,团队协作,能积极参与所有行动 3. 主动参与行动,能按时按要求完成各项任务 4. 认真总结,积极发言		

学生签名:	教师签名:	评价日期:　　年　　月　　日

【课后习题】

1)简述数字万用表测量电压的基本步骤。

2)简述数字万用表的下方四个端口是什么及怎么选用。

【注意事项】

1)注意在操作过程中选择合适的量程,避免损坏万用表。

2)在使用万用表测量交流电时,需注意安全。

6.1.2　示波器

6.1.2.1　目标

1)认识示波器,掌握示波器的各项功能。

2)学会使用示波器测试基本的信号。

6.1.2.2　准备

【必备知识】

示波器的使用:示波器是一种被广泛运用的电子测量仪器,用于检测人眼看不见的电信号,其基本原理是将电信号通过显示屏展示,可观察到各种不同信号幅度随时间变化的波形曲线,多用于测量各种不同的电量,如电压、电流、频率等。

手机内部的许多供电和信号都是跳变的。在逻辑电路中,经常需要观测脉冲波形。运用示波器测量电路关键点波形的形状与参数正常与否,可以快速判断被测电路的好坏。其测量内容主要有:

1)测交流信号电压和直流电压,读出信号波形的频率与周期以及幅度。

2)测连续变化的正弦信号和离散的数字脉冲信号,比较两个信号的相位差。

【器材准备】

①函数信号发生器;②示波器。

【项目准备】

按要求摆放好各实验器材,并准备好测量记录表,如表 6-3 所示。

表6-3 示波器信号测量记录表

序号	类别	测试1	测试2	测试3
1	正弦波			
2	方波			
3	三角波			

6.1.2.3 任务

1) 认识示波器，了解其功能及各按键的使用技巧。

2) 使用示波器测试正弦波、方波、三角波信号。

6.1.2.4 行动

【行动要求】

1) 采用小组协作法，各小组由组长根据任务进行分工，全体组员共同完成任务单的各项内容。

2) 每个小组必须严格遵守任务实施步骤和实验安全操作规范，使用测试设备完成正弦波、方波、三角波信号的测量。

3) 遇到疑难问题先进行小组内部的集体分析讨论，探求解决方案，确实无法解答的可以进行组间讨论或向老师请教，老师做好巡回指导，遇到共性问题及时进行解答。

【行动内容】

1) 认识示波器，并了解其各个分区的功能，如图6-2所示。

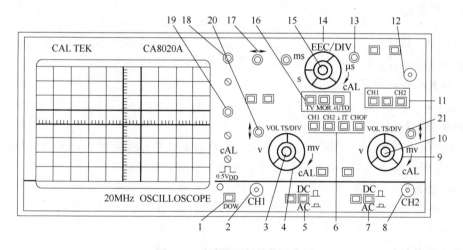

图6-2 示波器面板功能示意图

1—电源开关 2、8—通道一和通道二 3、10—垂直微调（VAR） 4、9—垂直衰减开关（VOLTS/DIV）

5、7—耦合方式（AC、DC、GND） 6—垂直显示方式（MODE） 11—内触发源选择（INT SOURCE）

12—触发源选择 13—触发电平 14—水平扫描时间调节开关 15—水平扫描时间微调 16—触发方式

17—水平位移 18—光迹亮度（INTEN） 19—聚集（FOCUS） 20、21—垂直位移

2) 利用示波器测试正弦波、方波、三角波信号。

6.1.2.5 评估

【评估目标】 你是否具备了示波器的基本使用技能？

【评估标准】 如表 6-4 所示，评估结果用 A＋、A、B、C 来分别表示优秀、良好、合格、不合格。

表 6-4　　　　　　　　　　　　　项目评估用表

评估项目	评估内容	小组自评	教师评估
应知部分	1. 了解示波器的各功能 2. 了解示波器各按键及其作用 3. 掌握安全操作注意事项		
应会部分	1. 掌握使用示波器测试正弦波、方波、三角波信号 2. 态度端正，团队协作，能积极参与所有行动 3. 主动参与行动，能按时按要求完成各项任务 4. 认真总结，积极发言		
学生签名：	教师签名：	评价日期：　年　月　日	

【课后习题】

1）说说示波器有哪些功能。

2）示波器使用前为什么要校准？

【注意事项】

1）按正确步骤操作示波器。

2）注意防电和防水。

6.1.3　频率计

6.1.3.1　目标

1）认识频率计，掌握频率计的各项功能。

2）掌握频率计的基本使用技巧。

6.1.3.2　准备

【必备知识】

频率计是由时基（T）电路、输入电路、计数显示电路以及控制电路四部分组成的一种专门用于测量信号频率的电子测量仪器，又称为频率计数器。

【器材准备】

1）函数信号发生器。

2）频率计。

【项目准备】

按要求摆放好各实验器材，并准备好测量记录表，如表 6-5 所示。

表 6-5　　　　　　　　　　　　　频率计测量记录表

序号	类别	测试 1	测试 2	测试 3
1	正弦波			
2	矩形波			
3	三角波			

6.1.3.3 任务

1）认识频率计，了解其功能及各按键的使用技巧。

2）使用频率计测试正弦波、矩形波、三角波信号。

6.1.3.4 行动

【行动要求】

1）采用小组协作法，各小组由组长根据任务进行分工，全体组员共同完成任务单的各项内容。

2）每个小组必须严格遵守任务实施步骤和实验安全操作规范，使用测试设备完成正弦波、矩形波、三角波信号的测量。

3）遇到疑难问题先进行小组内部的集体分析讨论，探求解决方案，确实无法解答的可以进行组间讨论或向老师请教，老师做好巡回指导，遇到共性问题及时进行解答。

【行动内容】

1）认识数字频率并了解按键及其功能，如图 6-3 所示。

图 6-3 数字频率计结构图

2）利用频率计测试正弦波、矩形波、三角波信号的频率。

6.1.3.5 评估

【评估目标】 你是否具备了频率计的基本使用技能？

【评估标准】 如表 6-6 所示，评估结果用 A＋、A、B、C 来分别表示优秀、良好、合格、不合格。

表 6-6 项目评估用表

评估项目	评估内容	小组自评	教师评估
应知部分	1. 了解频率计的功能 2. 了解频率计各按键及其作用 3. 掌握安全操作注意事项		
应会部分	1. 掌握使用频率计测试正弦波、矩形波、三角波信号的频率 2. 态度端正，团队协作，能积极参与所有行动 3. 主动参与行动，能按时按要求完成各项任务 4. 认真总结，积极发言		
学生签名：	教师签名：　　　　　　　评价日期：　　年　　月　　日		

【课后习题】

说说频率计由哪四部分组成。

【注意事项】

1）按正确步骤操作。

2）注意防电和防水。

6.1.4 频谱仪

6.1.4.1 目标

1）认识频谱仪，掌握频谱仪的各项功能。

2）掌握频谱仪的基本使用技巧。

6.1.4.2 准备

【必备知识】

频谱仪是一种用于对射频和微波信号进行频域分析的测试测量设备，可以分析测量信号的功率、频率、失真产物等信息。

【器材准备】

①函数信号发生器；②频谱仪。

【项目准备】

按要求摆放好各实验器材，并准备好测量记录表，如表6-7所示。

表 6-7 　　　　　　　　　　　　　　　频谱仪测量记录表

序号	类别	测试1	测试2	测试3
1	正弦波			
2	矩形波			
3	三角波			

6.1.4.3 任务

1）认识频谱仪，了解其功能及各按键的使用技巧。

2）使用频谱仪测试正弦波、矩形波、三角波信号的频域。

6.1.4.4 行动

【行动要求】

1）采用小组协作法，各小组由组长根据任务进行分工，全体组员共同完成任务单的各项内容。

2）每个小组必须严格遵守任务实施步骤和实验安全操作规范，使用测试设备完成正弦波、矩形波、三角波信号频域的测量。

3）遇到疑难问题先进行小组内部的集体分析讨论，探求解决方案，确实无法解答的可以进行组间讨论或向老师请教，老师做好巡回指导，遇到共性问题及时进行解答。

【行动内容】

1）认识频谱仪并了解按键及其功能，如图6-4所示。

2）利用频谱仪对正弦波、矩形波、三角波信号进行频域分析。

6.1.4.5 评估

【评估目标】 你是否具备了频谱仪的基本使用技能？

【评估标准】 如表6-8所示，评估结果用 A＋、A、B、C 来分别表示优秀、良好、

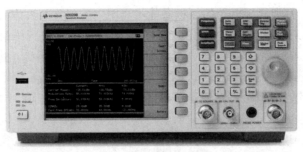

图 6-4　频谱仪结构图

合格、不合格。

表 6-8　　　　　　　　　　　　　　　　　项目评估用表

评估项目	评估内容	小组自评	教师评估
应知部分	1. 了解频谱仪的功能 2. 了解频谱仪各按键及其作用 3. 掌握安全操作注意事项		
应会部分	1. 掌握使用频谱仪测试正弦波、矩形波、三角波信号的频域分析技巧 2. 态度端正，团队协作，能积极参与所有行动 3. 主动参与行动，能按时按要求完成各项任务 4. 认真总结，积极发言		
学生签名：	教师签名：	评价日期：　年　月　日	

【课后习题】

说说如何对信号进行频域分析？

【注意事项】

1）按正确步骤操作。

2）注意防电和防水。

6.1.5　稳压电源

6.1.5.1　目标

1）认识稳压电源。

2）掌握稳压电源的基本使用技巧。

6.1.5.2　准备

【必备知识】

（1）直流稳压电源

直流稳压电源是一种能为负载提供稳定的交流电或直流电的电子装置，主要用于在手机维修过程中为手机提供稳定的直流供电电源，根据电流表指针的微小变化可以快速判断手机的故障所在。巧妙地利用稳压电源，在故障维修中的确能起到事半功倍的作用。

常见的直流稳压电源种类繁多，按显示方式的不同分为数码显示及指针显示；按量程范围大小分为 2A（安培）和 1A；也有的稳压电源设计了电流挡 1A 和 2A 的挡位转换开关。1A 量程范围状态比较适合微小电流的观察。

如图 6-5 所示为直流稳压电源的面板功能示意图，各部分的具体功能如下：

1）电源开关。用于直流稳压电源的开和关。在接入手机进行维修之前，应先了解该手机所用电池的电压范围，打开电源，调好电压值之后再接入手机，进行维修。

2）电压表。用于观察输出电压值，由于稳压电源表精度不高，而且使用时间长了后，电压表会指示不准确，所以最好在使用前用万用表测试输出电压值，看电压表的指示误差有多大，否则会产生因指示不准造成输出电压过高或过低的现象。

3）电流表。用于观察维修手机时电流值的大小，有经验的人往往通过观察电流表指针的摆动来判别故障。

4）电压调节旋钮。用于调节输出信号电压的大小。

5）电源输出端口。接上电源线，将电源与手机接通。

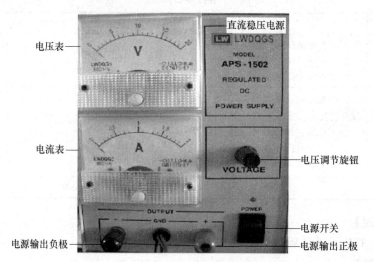

图 6-5　直流稳压电源的面板功能示意图

维修手机时，经常要用外接电源来代替手机电池，以方便维修工作。在将外接电源在和手机连接前，应将其电压调到和手机电池电压一致，电压过低会不开机，电压过高则有可能烧坏手机。

外接电源和手机连接时要连到手机的电源 IC 或电源稳压块。外接稳压电源输出的是直流电压，且不受控，测量十分简单，只需在电源 IC、稳压块或滤波电容器的相关引脚上，用万用表或示波器即可方便地测到。如果所测的电压与外接电源供电电压相等，可视为正常，否则，应检查供电支路是否有断路或短路现象。

（2）手机维修电源接口

电源接口是一个一路输入（正负两根线）多路输出的接口，以便于为不同类型的手机供电，如图 6-6 所示为电源接口线实物图。

电源接口线主要有三种类型，分别为：

1）插头接口。将插头插向手机尾座，按开机键后手机即可开机。

2）双线接口。其中红线接手机的正极，黑线接手机的负极或同时接手机的负极和电源温度检测端。

3）四线接口。分红、绿、黄、黑四种颜色，红、黑线接手机的正负极，绿、黄线要按照说明分别接手机的类型、温度检测端。

其中，手机电池触片接口示意图如图 6-7 所示。

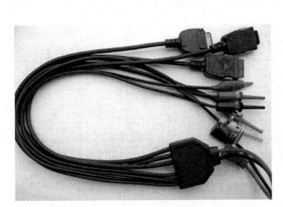

图 6-6 手机维修电源接口线实物图

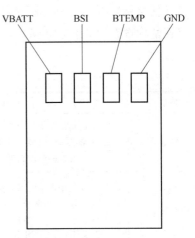

图 6-7 手机电池触片接口示意图

【器材准备】

①万用表；②稳压电源。

【项目准备】

按要求摆放好各实验器材，并准备好记录表，如表 6-9 所示。

表 6-9 稳压电源输出记录表

电压(V)	1	3	5	7
情况				

6.1.5.3 任务

1）认识稳压电源，了解其功能及各按键的使用技巧。

2）按记录表要求输出电压。

6.1.5.4 行动

【行动要求】

1）采用小组协作法，各小组由组长根据任务进行分工，全体组员共同完成任务单的各项内容。

2）每个小组必须严格遵守任务实施步骤和实验安全操作规范，使用稳压电源按要求输出电压。

3）遇到疑难问题先进行小组内部的集体分析讨论，探求解决方案，确实无法解答的可以进行组间讨论或向老师请教，老师做好巡回指导，遇到共性问题及时进行解答。

【行动内容】

1）认识稳压电源并了解按键及其功能，如图 6-8 所示。

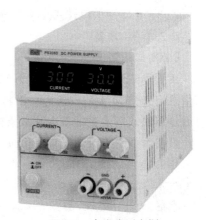

图 6-8 直流稳压电源

2）使用稳压电源按要求输出电压。

6.1.5.5 评估

【评估目标】 你是否具备了稳压电源的基本使用技能？

【评估标准】 如表 6-10 所示，评估结果用 A＋、A、B、C 来分别表示优秀、良好、合格、不合格。

表 6-10 项目评估用表

评估项目	评估内容	小组自评	教师评估
应知部分	1. 了解稳压电源的功能 2. 了解稳压电源各按键及其作用 3. 掌握安全操作注意事项		
应会部分	1. 掌握使用稳压电源的基本使用技巧 2. 态度端正，团队协作，能积极参与所有行动 3. 主动参与行动，能按时按要求完成各项任务 4. 认真总结，积极发言		
学生签名：	教师签名：	评价日期： 年 月 日	

【课后习题】

说说稳压电源的作用。

【注意事项】

1）按正确步骤操作。

2）注意防电和防水。

项目 6.2 手机的参数测试

6.2.1 手机工程模式测试

6.2.1.1 目标

1）掌握常见品牌智能手机进入工程模式的方式。

2）学会使用工程模式对手机进行参数测试。

6.2.1.2 准备

【必备知识】

工程模式是一种系统层级的硬件安全管理程序，用户通过该模式可以了解手机最基本的信息，如 SIM 卡转台信息、手机硬件参数、电池使用情况等。用户或手机维修人员都可通过该模式对手机的各项基本指标进行测试，对手机进行初步的检测。

目前市面上主流的安卓手机进入工程模式的快捷方式为在拨号页面输入相应的指令：

华为 ＊＃＊＃2846579＃＊＃＊

小米 ＊＃＊＃6484＃＊＃＊

索尼 ＊＃＊＃7378423＃＊＃＊

HTC ＊＃＊＃3424＃＊＃＊

魅族 ＊＃＊＃3646633＃＊＃＊

三星 ＊＃0＊＃

努比亚 ＊＃8605＃

VIVO ＊＃558＃

OPPO ＊＃36446337＃

【器材准备】

智能手机。

【项目准备】

按要求摆放好各实验器材，并准备好测量记录表，如表6-11所示。

表6-11　　　　　　　　　　　　　手机参数测试记录表

序号	类别	测试情况
1	版本信息测试	
2	SIM卡测试	
3	按键测试	
4	震动测试	
5	LED测试	
……	……	

6.2.1.3　任务

1）掌握主流品牌手机进入工程模式的指令。

2）使用工程模式对手机的各参数进行测试。

6.2.1.4　行动

【行动要求】

1）采用小组协作法，各小组由组长根据任务进行分工，全体组员共同完成任务单的各项内容。

2）每个小组必须严格遵守任务实施步骤和实验安全操作规范，使用工程模式对手机进行测试。

3）遇到疑难问题先进行小组内部的集体分析讨论，探求解决方案，确实无法解答的可以进行组间讨论或向老师请教，老师做好巡回指导，遇到共性问题及时进行解答。

【行动内容】

根据手机品牌在拨号界面输入相应的指令，进入手机的工程模式，对手机开展测试，并做好记录。以小米8手机举例，在拨号界面输入＊＃＊＃6484＃＊＃＊进入工程模式的测试界面和版本信息测试界面效果图，如图6-9所示。

6.2.1.5　评估

【评估目标】　你是否具备了利用工程模式进行手机参数测试的能力？

【评估标准】　如表6-12所示，评估结果用A＋、A、B、C来分别表示优秀、良好、合格、不合格。

图 6-9　工程模式测试图

表 6-12　　　　　　　　　　　　　　　　　项目评估用表

评估项目	评估内容	小组自评	教师评估
应知部分	1. 了解工程模式的作用 2. 了解智能手机工程模式的进入方式 3. 掌握安全注意事项		
应会部分	1. 掌握使用工程模式进行手机模式测试的基本技巧 2. 态度端正,团队协作,能积极参与所有行动 3. 主动参与行动,能按时按要求完成各项任务 4. 认真总结,积极发言		
学生签名:	教师签名:	评价日期:　　年　　月　　日	

【课后习题】

三种品牌手机进入工程模式的指令。

【注意事项】

不要记混不同品牌手机进入工程模式的指令。

6.2.2　手机供电电压测试

6.2.2.1　目标

1)学会使用仪器仪表测试手机常见供电电压。

2)学会根据电路工作电压推测其是否正常工作且根据异常确定故障范围。

6.2.2.2　准备

【必备知识】

(1)电池供电电路

实际维修过程中,部分手机通过软件程序设置来保护手机,需要在开机控制模式中对电池类型、温度数据进行检测,防止手机在充电或短路时电流过大、温度过高而对手机造成危害。当检测数据正常时,控制模块发出指令让手机开机。

如图 6-10 所示为手机电池类型检测电路示意图,通过电池类型检测来防止使用非正规厂家生产的电池。

如图 6-11 所示为手机电池温度检测电路示意图,通过温度检测,防止手机在充电或短路时电流过大、温度过高而对手机造成危害。

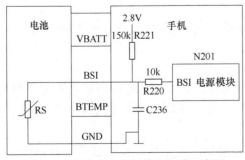

图 6-10　手机电池类型检测电路示意图

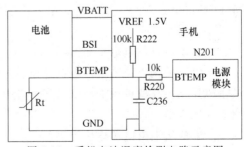

图 6-11　手机电池温度检测电路示意图

(2)开机信号电压

1)手机的开机触发方式有两种,一种是高电平触发开机,即:当开关键被按下时,开机触发端接到电池电源，它是高电平启动电源电路开机；另一种是低电平触发开机，即：当开关键被按下时，开机触发线路接地，它是低电平启动电源电路开机。

2）手机的开机线，是指 VBATT 与电源模块之间的那条线和开关机按键与电源模块相连接的那条线。开机线的关键信号端即为手机的开关机按键，需要在键盘板上快速找到，可采用在路电阻法查找线路走向。

3）开机信号电压是一个直流电压，在按下开机键后应由低电平跳到高电平（或由高电平跳到低电平）。开机信号电压用万用表直流电压挡位测量很方便，将万用表黑表笔接地，红表笔接开机信号端（开机键处），按下开机键后，电压应有高低电平的变化，否则，说明开机键或开机线不正常。

（3）逻辑电路供电电压测试

逻辑电路是手机的指挥中心，在任一时刻失去供电电压，整机就会瘫痪。逻辑电路供电电压基本上都是不受控的，即只要按下开机键就能测到，逻辑电路供电电压为稳定的直流电压，用万用表和示波器都可以测量。手机电源模块输出的逻辑供电电压有 L475、L275、V2（2.75V）、V3（2V）、VSL（VBB）2.8V、VL（VCOBBA）2.8V、VCORE 2.0V 等。

（4）射频电路供电电压测试

由于手机采用的是准双工的工作方式，一方面为了省电，另一方面为了与网络同步，使部分电路在不需要时不工作，故手机的射频电路供电电压比较复杂，既有直流供电电压，又有脉冲供电电压，且这些供电电压大都是受控的。

（5）SIM 卡电路供电电压测试

由于有两种不同工作电压的 SIM 卡有 3V SIM 卡和 5V SIM 卡两种，故在手机内部存在 3V SIM 卡电路及 5V SIM 卡电路两种供电电路。手机的 SIM 卡有 6 个触点，其中标注为 SIM VCC 或 VCC 的触点为 SIM 卡供电端。测量 SIM VCC 电压时最好选在开机瞬间用示波器进行测量，开机瞬间在 3V 和 5V 之间跳变，开机瞬间 SIM 卡的供电波形如图 6-12 所示，有的手机跳一次，有的手机跳好几次，若检测到有 SIM 卡，则 SIM VCC 会稳定下来；反之，若检测到无 SIM 卡，则

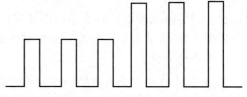

图 6-12　开机瞬间 SIM 卡供电电压波形图

SIM VCC 供电会消失。开机瞬间用万用表测量 SIM VCC 电压，其结果要远小于 3V 或 5V（误差大）。

（6）显示电路供电电压测试

显示电路采用直流供电，手机开机后，即可用万用表方便地进行测量，要注意的是：有的手机显示屏有两种供电，既有逻辑正压供电，也有 VLCD 负压供电，有的手机显示屏只有正压供电。

显示屏的供电由电源模块提供 2.8V 的 VBB 电压。显示屏的控制显示及数据传输信号包括 LCD EN、LCD-RST、GENS-I/O，其中显示启动信号 LCD EN 直接启动显示屏，LCD-RST 令显示屏进行复位，GENS-I/O 传输显示数据和时钟信号，其接口共有九个接点，各点电压如图 6-13 所示。当显示电路之间接触不良时，会造成无显示或显示模糊的

故障。若显示屏供电电压过高，则会出现黑屏；过低，则对比度浅淡。

（7）其他电路供电电压测试

其他电路如键盘灯与背景灯电路、振铃电路、振子电路的供电较简单，一般直接由电池电压供电，可方便地用万用表进行测量。送话器电路一般由音频模块为其提供偏压，也可方便地用万用表测量。

在维修中，通常以供电正常与否作为故障检修的第一步。手机中的单片机和主时钟电路缺少供电或不正常，则不开机；手机中的射频电路缺少供电或不正常，则无信号、无网络（不入网）；手机中的 SIM 卡电路缺少供电或不正常，则不识卡；手机中的 LCD 电路缺少供电或不正常，则无显示。

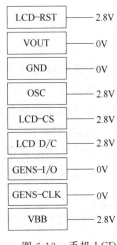

图 6-13 手机 LCD 引脚接口电压

有些供电是稳定的，有些供电是跳变的（脉冲电压）；但是，前者直流电压常用万用表测量，也可以用示波器测量，只要所测电压与电路图中的标称电压相当，即可以判断此部分电路供电正常；而后者脉冲电压一般需用示波器测量，若用万用表测量，则误差较大。脉冲电压大都是受控的（有些直流电压也可能是受控的），在待机状态时 VTX 为 0V，只有在发射状态时 VTX 才为 2.8V。

【器材准备】

①稳压电源一台；②万用表一台；③电源接口一个；④台灯放大镜；⑤双踪示波器一台；⑥正常工作的手机一部；⑦手机维修平台一个；⑧防静电护腕。

【项目准备】

按要求摆放好各实验器材，并准备好测量记录表，如表 6-13 所示。

表 6-13　　　　　　　　　手机常见供电电压测试的项目准备单

序号	仪器仪表	使用方法	注意事项
1	稳压电源		
2	万用表		
3	示波器		
4	电源接口		

6.2.2.3　任务

1）运用仪器仪表完成手机加电过程。

2）测量手机的各类供电电压。

6.2.2.4　行动

【行动要求】

1）采用小组协作法，各小组由组长根据任务进行分工，全体组员共同完成任务单的各项内容。

2）每个小组必须严格遵守任务实施步骤和实验安全操作规范，完成手机参数的测试。

3）遇到疑难问题先进行小组内部的集体分析讨论，探求解决方案，确实无法解答的可以进行组间讨论或向老师请教，老师做好巡回指导，遇到共性问题及时进行解答。

【行动内容】

测试手机各类供电电压，完成表 6-14 中内容。

1）测试电源电路供电。

2）测试逻辑电路供电电压。

3）测试射频电路供电电压。

4）测试 SIM 卡电路供电电压。

5）测试显示电路供电电压。

6）测试其他电路供电电压。

表 6-14　　　　　　　　　　　　手机常见供电电压测试

手机型号			
序号	测试内容	测试关键点	测试数据
1	电源电路供电		
2	逻辑电路供电电压		
3	射频电路供电电压		
4	SIM 卡电路供电电压		
5	显示电路供电电压		
6	其他电路供电电压		

6.2.2.5　评估

【评估目标】　你是否具备了测试手机供电电压的能力？

【评估标准】　如表 6-15 所示，评估结果用 A＋、A、B、C 来分别表示优秀、良好、合格、不合格。

表 6-15　　　　　　　　　　　　项目评估用表

评估项目	评估内容	小组自评	教师评估
应知部分	1. 能根据手机不同接口连接稳压电源 2. 能正确检测手机各路供电电压 3. 能根据电压读数判断故障 4. 能正确填写项目准备单的各项内容 5. 安全无事故、不损坏手机		
应会部分	1. 态度端正、团队协作，能积极参与所有行动 2. 主动参与行动，能按时按要求完成各项任务 3. 认真总结，积极发言，能正确解读项目准备单中的问题		
学生签名：　　　　　教师签名：　　　　　评价日期：　　年　　月　　日			

【课后习题】

1）简述如何正确使用直流稳压电源给手机加电。

2）简述如何正确连接电源接口线与手机电源。

3）分析开机时手机工作电流有什么变化规律。

【注意事项】

1）文明操作、正确使用仪器仪表，不要用笔和探头等尖利物指点仪器，以免划伤，应注意防止静电。

2）使用仪器仪表测试供电电压时应合理选择挡位和正确读数，测试探头与测试点间的连接要合适可靠，避免损伤测试点或与其他元器件短接。

3）测试前应该校对，以免测试结果误差太大，影响故障分析和定位。

4）不同机型应选用不同的电源连接接口，勿将电源极性接反，弄清楚电池温度检测端和电池电量检测端。

6.2.3 手机常见信号波形测试

6.2.3.1 目标

1）熟悉常用测试仪器仪表的使用方法，认识示波器的面板功能。

2）了解示波器自检的目的，且掌握示波器自检的方法。

3）学会根据测量波形进行故障分析和初步定位。

6.2.3.2 准备

【必备知识】

（1）手机中常见的射频电路信号

1）13MHz基准时钟电路。手机基准时钟振荡电路产生13MHz主时钟，一方面为手机逻辑电路提供必要工作条件，另一方面为频率合成电路提供基准时钟，在手机开机时可以测量。若无13MHz基准时钟，手机将不开机；若13MHz基准时钟偏离正常值，手机将不入网。

手机的13MHz基准时钟电路主要有两种形式：

① 专用的13MHz VCO组件。将13MHz的晶体、变容二极管、三极管、电阻、电容等构成的13MHz振荡电路封装在一个屏蔽盒内，形成一个完整的晶体振荡电路，直接输出13MHz时钟信号。本组件一般有输出端、电源端、控制端和接地端四个端口。

② 由一个13MHz石英晶体、集成电路和外围元件构成晶体振荡器，输出26MHz、19.5MHz等时钟信号，进行相应分频后，产生13MHz的时钟信号。

2）发射VCO控制信号。在发射变频电路中，TX VCO输出的信号一路到功率放大电路，另一路与一本振压控振荡 RX VCO信号进行混频，得到发射参考中频信号。发射已调中频信号与发射参考中频信号在发射变换模块的鉴相器中进行比较，输出一个包含发送数据的脉动直流控制电压信号，去控制TX VCO电路，形成一个锁相环PLL闭环的回路，由TX VCO电路输出的最终发射信号。

发射VCO直接工作在相应信道的发射频点上。在逻辑电路的控制下，发射VCO可在发射频段内的信道间进行转换。在双频手机电路中，发射VCO电路通常可以工作在GSM、DCS两种模式下。

发射VCO控制信号多由中频模块输出，送到功率放大器或发射变换电路中。测试该信号时，需要拨打"112"启动发射电路。波形幅度为2.6V（p-p）左右，周期为4.615ms。若发射VCO的控制信号不正常，易产生不入网、无发射故障。

3）本机振荡信号。本机振荡电路在手机接收电路中是用于接收解调的，属于PLL频率合成系统。接收射频电路中的本机振荡电路可能会有几个，分别是用于接收第一混频的射频 VCO（RXVCO、UHFVCO）电路，用于接收第二混频的中频 VCO（IFVCO、VHFVCO）电路。本振 VCO 控制信号是判断本振 VCO 是否正常工作的重要依据。

4）RXIQ、TXIQ 信号。基带信号的有无主要用于检修不入网故障。当接收机解调电路输出的接收 RXIQ 信号正常时，可判断鉴频（解调）电路之前的电路（即射频接收处理电路）能正常工作；若不正常，则判断基带单元后面逻辑处理电路出现故障。

发射调制信号输出的 TXIQ 信号，一般有 4 路基带信息，它是发信机基带部分加工的"最终产品"。使用示波器测量时，应将示波器的水平时基扫描挡位旋钮置为最长时间/格，拨打"112"，若能够打通，可看到一个光点从左向右移动；若不能打通，波形闪一下就不再出现了。

5）接收中频电路信号。中频放大器比较简单，有采用集成电路的，也有采用分立元器件的。检测中频放大器主要是检查它对中频信号的放大是否正常，只需要用频谱分析仪检测它的输入输出端的信号幅度，即可判断出中频放大器是否正常。分立元器件的中频放大器增益一般为 10dB。找出中放管 Q490 也就找到了测试点，即在中放管 Q490 的基极和集电极测量。

6）发射中频电路信号。发射中频电路通常是指 TX I/Q 调制电路。在这个电路中，逻辑音频处理电路输出的发射基带信号调制在发射中频载波上，得到发射已调中频信号。

7）功率放大电路信号。功率放大器是手机射频电路中比较容易出故障的电路。功率放大器通常包含发射驱动放大器和发射功率放大器，也有许多手机使用一个集成的功率放大器组件。通常使用频谱分析仪的探头感应测试。功率放大器的输入信号一般为 0dBm 左右，输出信号一般为 10dBm。

（2）手机中常见的逻辑处理及接口电路信号

1）接收使能 RXON（RXEN）、发射使能 TXON（TXEN）信号。RXON 是接收机启动信号，若该信号正常，可间接判断手机的被控射频电路硬件正常，还可判断接收机系统在射频部分已完成射频信号变为 RXIQ 接收基带信号的任务；若该信号不正常，则可判断接收机出现故障。

TXON（TXEN）是发射机启动信号，主要用于判断无发射故障现象。当 TXON 信号测不出来时，可判断手机的软件或 CPU 出现故障；当 TXON 瞬间出现，但仍打不通电话，则判断发射射频电路部分出现故障。

2）频率合成使能信号 SYN STB（SYN EN）。中央处理器 CPU 输出频率合成数据 SYN DAT、时钟 SYN CLK 和使能 SYN STB（SYN EN）信号。CPU 通过"三条控制线"对锁相环发出改变频率的指令，在其控制之下，锁相环改变输出的控制电压，用这个已变大或变小了的误差电压去控制压控振荡器的变容二极管，就可以改变压控振荡器输出的频率。

3）卡数据、卡时钟和卡复位信号。维修不识卡故障时，通过测量卡数据（SIM DAT）、卡时钟（SIM CLK）和卡复位（SIM RST）信号波形可判断出故障范围，在开机时才能测到该信号。

4）显示数据和时钟信号。CPU 通过显示数据（SDATA）和显示时钟（SCLK）进行通信（有的手机采用并行传输），若它们不正常，手机就不能正常显示，手机开机后便可测到该信号。

5）脉宽调制信号。手机中脉宽调制（PWM）信号不多，它的波形一般为矩形。脉冲占空比不同，经外电路滤波后的电压也不同，可用示波器进行测量。

6）受话器两端的信号。手机受话时，在受话器两端应能测到音频信号波形。

7）振铃两端的信号。将手机设置在铃声状态，在接收到来电显示时，振铃两端应有音频波形出现（一般为 3V 左右）。

8）照明灯驱动信号。手机的照明灯电路主要有两种形式：一种形式为常用的键盘灯、背景灯控制电路；另一种形式为电致发光板升压驱动电路。

手机中常用的键盘灯、背景灯控制电路主要由发光二极管 H1～H6、驱动管 V1 等元件组成，发光二极管的点亮和熄灭取决于微处理器 LED 驱动信号。CPU 的灯控管控制脚输出的驱动信号是脉冲式的，利用人眼的"视觉暂留"的特性，当人眼看到光，光消失之后的很短时间内，眼睛里仍有光感的残留，所以看到发光二极管是一亮一暗的。也有些手机的键盘照明电路采用"电致发光"技术，发光的原理是荧光粉在交变电场的作用下被激发出光来，电致发光可发出红色、蓝色或绿色的光。电致发光需要的驱动电压较高。

【器材准备】

①稳压电源一台；②万用表一台；③电源接口一个；④台灯放大镜；⑤双踪示波器一台；⑥正常工作的手机一部；⑦手机维修平台一个；⑧防静电护腕。

【项目准备】

表 6-16   手机常见信号波形测试的项目准备单

序号	测试内容	测量关键点	标准值
1	脉冲供电信号		
2	时钟信号		
3	数据信号		
4	系统控制信号		
5	基带信号		
6	射频信号		
7	逻辑处理信号		
8	接口部分信号		

6.2.3.3 任务

1）完成双踪示波器的自检操作。

2）测试基准时钟和实时时钟信号。

3）测试基带电路信号波形。

4）测试频率合成数据信号波形。

6.2.3.4 行动

【行动要求】

1）采用小组协作法，各小组由组长根据任务进行分工，全体组员共同完成任务单的各项内容。

2）每个小组必须严格遵守任务实施步骤和实验安全操作规范，完成手机参数的测试。

3）遇到疑难问题先进行小组内部的集体分析讨论，探求解决方案，确实无法解答的可以进行组间讨论或向老师请教，老师做好巡回指导，遇到共性问题及时进行解答。

【行动内容】

行动 1. 用示波器测量信号幅度

1）测量信号电压的幅值［峰-峰值 V（p-p）］。

2）信号输入至 CH1 或 CH2 插座，垂直方式置于被选用的通道。

3）调节垂直衰减开关，使波形在垂直方向上的高度为 3～6 格，并将垂直微调顺时针旋到底（校正）。

4）调节扫描时间和触发电平，使波形稳定，并在屏幕上显示 1～3 个周期的信号波形。

5）调节垂直位移，使波形底部与屏幕中某一条坐标线重合（便于读数），如图 6-14 所示，其中 A、B 两点之间的垂直方向格数为 5.8 格，探头衰减比为 10：1，垂直衰减开关为 0.2V/DIV，则被测信号电压＝0.2×5.8×10V（p-p）＝11.6V（p-p）。

行动 2. 用示波器测量信号周期 T 和脉冲宽度 t_w

1）将被测信号送入 CH1 或 CH2 插座，垂直显示方式置于被选用的通道，调整触发电平使波形稳定。

2）将扫描时间微调旋至校正位置，调节扫描时间开关，使屏幕上显示 1～3 个周期的信号波形。

3）调节垂直和水平位移，使波形中

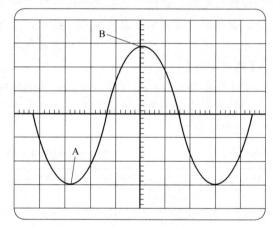

图 6-14　调节示波器的垂直位移

需要测量的两点位于屏幕中央水平刻度线上。测量两点间的水平格数，按下列公式计算出时间间隔，即：时间间隔＝SEC/DIV×两点之间的水平格数。

如图 6-15（a）所示 A、B 两点间的水平格数为 3 格，若扫描开关置于 0.5ms/DIV，则时间间隔＝0.5ms/DIV×3DIV＝1.5ms。A、B 两点间刚好为一个周期，该信号的周期为 1.5ms。也可以换算成频率，即频率＝1/周期＝1/1.5ms≈0.67kHz。

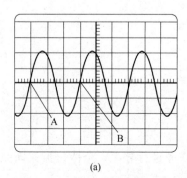

(a)

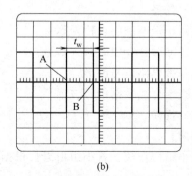

(b)

图 6-15　示波器的信号周期 T 和脉冲宽度 t_w 的信号波形

脉冲宽度 t_w 的波形图如图6-15（b）所示。读出A、B两点间的水平格数为1.6，则脉冲宽度为：$t_w = SEC/DIV \times 两点之间的水平格数 = 0.5ms/DIV \times 1.6DIV = 0.8ms$。

行动3. 测量手机中的射频信号

手机中射频接收或发射处理流程出现中断或不通，则无信号无网络（不入网）。因此，检测射频信号流程中的关键点，有助于判断射频电路的故障。

对于任何系列品牌的手机，在测量手机中的射频信号之前，都需要理解该手机的硬件结构和整机射频信号传输流程，然后对照实物图找出相应的关键测试点，运用相应的仪器按测试要求完成测量。

关键测试点主要有：

1）13MHz 主时钟信号波形，如图6-16所示。

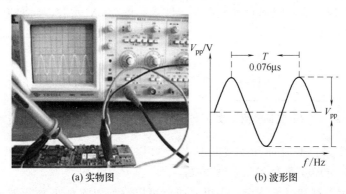

(a) 实物图　　　　　　　　　　(b) 波形图

图6-16　13MHz 主时钟信号测试波形

2）发射VCO电路信号波形，如图6-17所示。

3）一、二本振信号波形，如图6-18所示。

图6-17　TX VCO 控制信号测试波形

图6-18　一、二本振信号测试波形

4）基带信号RXIQ、TXIQ的信号波形，如图6-19所示。

5）接收中频电路信号波形，如图6-20所示。

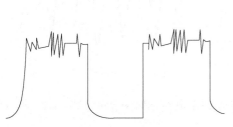

图6-19　RXIQ 接收基带信号测试波形

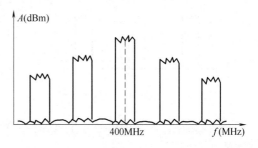

图6-20　接收中频信号测试波形

6）功率放大电路信号波形，如图 6-21 所示。

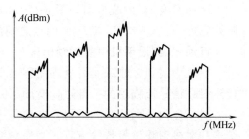

图 6-21　功率放大电路信号测试波形

行动 4. 测量手机中的逻辑处理及接口电路中的信号

1）检测接收使能 RXON（RXEN）、发射使能 TXON（TXEN）信号。

测试时通过拨打"112"来启动接收和发射电路。选择波形幅度约为 2.6V 左右，周期为 4.615ms 时，测得波形如图 6-22 所示。

2）检测频率合成使能信号 SYN STB（SYN EN），如图 6-23 所示是手机的频率合成使能信号 SYN STB（SYN EN）的波形图，波形幅度为 3V 左右，周期为 0.8ms。

图 6-22　接收使能、发射使能信号测试波形

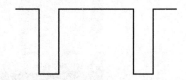

图 6-23　频率合成使能信号测试波形

3）检测卡数据、卡时钟和卡复位信号，可以在开机时测到如图 6-24 所示的 SIM DAT 信号波形，波形幅度为 3V 或 5V 左右。

4）检测显示数据和时钟波形，手机开机后可以测到如图 6-25 所示波形。

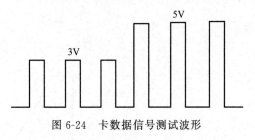

图 6-24　卡数据信号测试波形

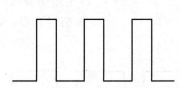

图 6-25　显示数据和时钟测试波形

5）检测脉宽调制信号，其波形如图 6-26 所示。

6）检测受话器两端的信号，手机受话时可测得如图 6-27 所示的音频信号波形。

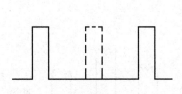

图 6-26　脉宽调制信号测试波形

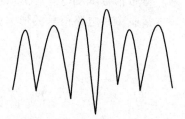

图 6-27　音频信号测试波形

7）检测振铃两端的信号，手机在铃声状态接收到来电显示时可测得如图 6-27 所示的音频波形。

8）检测照明灯驱动信号。

① 采用如图 6-28 所示的键盘灯、背景灯控制电路时，可测得如图 6-29 所示的信号波形。

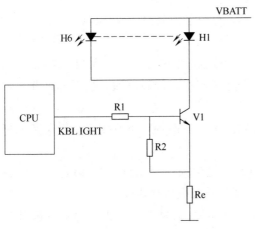

图 6-28　键盘灯、背景灯控制电路图　　　　图 6-29　灯控管控制脚信号测试波形

② 采用如图 6-30 所示的电致发光板升压驱动电路时，可测得如图 6-31 所示的信号波形。

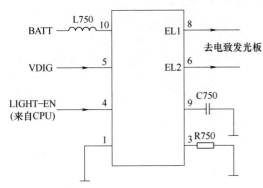

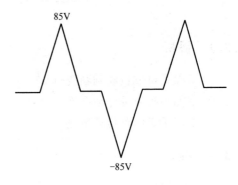

图 6-30　电致发光板升压驱动电路图　　　　图 6-31　电致发光板升压驱动
电路信号测试波形

6.2.3.5　评估

【评估目标】　你是否具备了测试手机信号波形的能力？

【评估标准】　如表 6-17 所示，评估结果用 A＋、A、B、C 来分别表示优秀、良好、合格、不合格。

表 6-17　　　　　　　　　　　　　　项目评估用表

评估项目	评估内容	小组自评	教师评估
应知部分	1. 能正确认识示波器面板上各按钮的功能 2. 正确调节示波器 3. 能根据信号波形正确读数并记录数据和波形 4. 能根据读数计算频率和周期及脉冲宽度 5. 能正确填写项目准备单的各项内容 6. 安全无事故、不损坏手机		
应会部分	1. 态度端正,团队协作,能积极参与所有行动 2. 主动参与行动,能按时按要求完成各项任务 3. 认真总结,积极发言,能正确解读项目准备单中的问题		
学生签名：	教师签名：　　　　　　　　　评价日期：　　年　　月　　日		

【课后习题】

1）简述手机常见信号波形的正常波形图。如何进行故障初步定位？

2）用示波器测试任意一款手机的信号波形，分析各部分的关键测试点。

【注意事项】

1）文明操作、正确使用仪器仪表，为保证示波器的热稳定性，避免频繁关机。

2）双踪示波器是比较精密的测量仪器，操作过程中，旋转旋钮、按下各种开关等动作要轻，尽量减少磨损，以免造成损坏。

3）调节亮度旋钮，使屏幕显示的光迹亮度适中。一般观察不宜太亮，以免荧光屏过快老化。

4）测试探头与测试点间的连接要合适可靠，避免损伤测试点或与其他元器件短接。测试时，先接地线再接信号线；断开时，先断开信号线再断开地线。

5）应注意防止静电，测试前应该校对，以免测试结果误差太大，影响故障分析和定位。

项目 6.3 手机的品质测试

6.3.1 目标

1）掌握手机成色的判断要点。

2）掌握手机外观评估技能。

3）掌握手机屏幕检测要点。

6.3.2 准备

【必备知识】

（1）成色判断

检查手机的机身外观有没有弯曲、掉漆、划痕、磕碰等情况，从而综合判断手机成色。如果是全新手机则为没有拆开包装或仅拆开手机外包装且未激活，配件齐全，无任何使用痕迹。

（2）外观完好

屏幕完好无划痕，机身有轻微使用痕迹。

（3）外观有瑕疵

有明显的使用痕迹、划痕、磕碰、掉漆等情况。

（4）屏幕检测

检查手机的屏幕是否完好，没有划痕、破损、边角破损，触屏完好，屏幕无色差、漏光等情况。

（5）维修、进水检查

查看手机的维修标识是否完整，机身的螺丝有没有划痕，防水标识是否变色，手机的插口、机身有没有受潮、霉变的迹象。

【器材准备】

手机若干。

【项目准备】

按要求摆放好各实验器材，并准备好测量记录表，如表 6-18 所示。

表 6-18　　　　　　　　　　　　　手机品质检测记录表

	外观	屏幕	工程模式测试	维修、进水
情况				

6.3.3　任务

1）检测手机的外观、屏幕并评估。

2）通过工程模式测试手机各项功能。

3）检查手机的维修及进水情况。

6.3.4　行动

【行动要求】

1）采用小组协作法，各小组由组长根据任务进行分工，全体组员共同完成任务单的各项内容。

2）每个小组必须严格遵守任务实施步骤和实验安全操作规范，完成手机的品质测试。

3）遇到疑难问题先进行小组内部的集体分析讨论，探求解决方案，确实无法解答的可以进行组间讨论或向老师请教，老师做好巡回指导，遇到共性问题及时进行解答。

【行动内容】

1）检测手机的外观、屏幕并评估。

2）通过工程模式测试手机各项功能。

3）检查手机的维修及进水情况。

6.3.5　评估

【评估目标】 你是否具备了手机品质的评估技能？

【评估标准】 如表 6-19 所示，评估结果用 A＋、A、B、C 来分别表示优秀、良好、合格、不合格。

表 6-19　　　　　　　　　　　　　　项目评估用表

评估项目	评估内容	小组自评	教师评估
应知部分	1. 了解手机品质评估要点 2. 掌握安全注意事项		
应会部分	1. 能够对手机品质进行综合评估 2. 态度端正，团队协作，能积极参与所有行动 3. 主动参与行动，能按时按要求完成各项任务 4. 认真总结，积极发言		
学生签名：	教师签名：	评价日期：　　年　　月　　日	

【课后习题】

1）如何检查手机的成色。

2）如何检测手机屏幕是否有色差。

【注意事项】

注意评估过程中不要损坏手机。

模块7

<<<<<<<

手机的故障分析与处理

 模块描述

　　手机作为人们生活的必需品，品种繁多，故障产生原因亦各不相同，根据故障的产生原因和故障定位方法对实际故障进行分析和快速定位，这是进行手机故障处理的关键。

　　手机故障主要分不开机故障、不入网故障、逻辑处理与控制接口故障、软件故障四大类，要进行具体故障的分析和处理就需要具备必要的逻辑推理能力和良好而准确的判断能力，以便快速确定故障的具体部位，从而解决问题。

 能力目标

　　1. 熟练使用维修设备和工具。
　　2. 掌握常见故障的检修方法。
　　3. 能快速进行常见故障的分析和定位。
　　4. 能正确地安排检修流程。
　　5. 具备常见故障的处理能力。

项目 7.1　手机的常见故障分析

7.1.1　故障原因分析与定位

7.1.1.1　目标

　　1）了解手机维修的几个基本概念。
　　2）学会分析手机故障的产生原因。
　　3）掌握手机的工作状态和故障类型。

7.1.1.2　准备

【必备知识】

　　（1）手机维修的基本概念

　　1）开机。开机是指手机加上电源后，按手机的开/关键约 2s，手机进入开机自检及查找网络过程。当逻辑部分功能正常后，显示屏开始显示各种提示信息，直到最终显示信号强度、电池电量、时间、网络等信号，并且入网指示灯转为绿灯并不停地闪烁，几秒钟后，背光灯熄灭。

2）关机。开机的逆过程，按开/关 2s 后手机进入关机程序，最后手机屏幕上无任何显示信息，入网标志灯、键盘及背光灯等全都熄灭。

3）工作状态。在维修中，常说手机处于工作状态是指手机处于接收或发射（当手机设置成测试状态时，手机可单处于接收或发射状态）状态。

4）待机状态。手机不处于使用状态，但一直处于开机状态。

5）断电。手机开机后，没有按开/关键，手机就自动处于关机状态，这种情况称为断电，也叫自动断电或自动关机。

6）漏电。给手机加上直流稳压电源后没有开机，电流表的指针就有电流指示。正常情况下电流表指示值为 0mA。

7）手机显示弱电。给手机装上一个刚充满电的电池，开机后手机提示用户电池电压不够，同时显示屏上电池电量指示灯不停地闪烁，并发出报警音，这种现象称为手机显示弱电。

8）不入网。手机不入网是指手机不能进入 GSM 网络，即手机显示屏上无网络信息，也无信号强度值指示。正常情况下手机入网后，显示屏上显示出网络名称，并且入网指示灯用闪烁的绿光来指示；如果无网络，网络指示灯闪红光，所以不入网也叫不转灯。

9）掉信号。掉信号是指手机显示屏上的信号强度变动范围较大，如从 5 格强度变成 2 格或 1 格强度后又变成 5 格强度，这种现象也叫信号不稳定。当手机按发射键后，信号强度值变为零或变化特别大，这种现象称为发射掉信号。

10）虚焊。指手机中元器件管脚与印刷电路板焊点接触不良。

11）补焊。对元器件的管脚重新焊接或再焊上一点锡的方法叫补焊，补焊有时也称为加强焊接。

12）插卡。将 SIM 卡插入卡座中称为插卡。

13）不识卡。指手机不能读取卡上的信息，手机在屏幕上提示插入卡或检查卡的信息。

（2）手机故障的产生原因

对于新手机，因为生产工艺上的缺陷，故障多发生在机芯与机壳结合部分的机械应力点附近，且多为元器件焊接不良、虚焊等引起。与摔落、挤压损坏的手机相似，碰坏的手机在机壳上能观察到明显的机械损伤，归结起来手机故障的产生原因主要有以下三种类型：

1）菜单设置故障。菜单设置故障其实并不算是真正的故障，可以理解为假故障。如来电无反应，可能是机主设置了呼叫转移功能；打不出电话，可能是机主设置了呼叫限制功能；只振动而不振铃，可能是由于机主将来电提示方式设置为振动方式等。解决这类故障要求维修人员熟悉各类手机菜单的操作。

2）操作性故障。操作性故障通常指由于用户操作不当、错误调整而造成的故障。比较常见的操作性故障有以下几种：

① 机械性破坏故障。由于操作用力过猛或方法不对，致使手机器件损坏、变形及引脚脱焊等造成的故障。此外，机壳摔裂、天线折断、显示屏开裂、翻盖脱轴、手机进水等

也属于这类故障。

② 使用不当故障。由于使用者不熟悉手机的使用方法或因不良习惯造成的故障。如：长期使用指甲尖触摸手机键盘造成键盘严重磨损甚至脱落；长期使用劣质充电器充电造成手机内部的充电电路损坏；对手机菜单进行非法操作，使某些功能处于关闭状态，不能正常使用；错误输入 PIN 密码，导致 SIM 卡被锁后，又盲目尝试开锁，造成 SIM 卡永久损坏。

③ 保养不当。手机是非常精密的高科技电子产品，应当在干燥、温度适合的环境下使用和存放，否则将可能引起故障。

3) 质量故障。质量故障通常指经拼装、改装或组装而成的手机，以及非正规厂家生产的手机，质量低下，极易出现故障。

（3）手机故障的类型

1) 不开机故障。

① 不能开机。按开机键无任何电流反应；按开机键有小电流反应；按开机键有大电流反应。

② 能开机但不能维持开机。按开机键，能开机但转灯关机；自动开关机；发射关机；低电告警等。

③ 能开机但不能正常打接电话。手机单向通话；屏显杂乱；听筒无声无按键音；有网络但不发射；无网络服务；显示"请插卡"等字样。

2) 不入网故障。手机插入 SIM 卡并正常开机后，将搜寻移动通信网络。若手机正常将显示"中国移动"或"中国联通"字样，否则显示"无网络服务"字样，表明手机不能正常入网，即存在不入网故障。

不入网故障产生的原因主要有两个方面：接收电路故障和发送电路故障。对于目前市场上的三星等系列手机，只要其接收电路正常，显示屏就会有信号强度指示，与发送电路无关。对这种系列手机，若开机后无信号强度指示，则接收电路不正常；反之，则发送电路不正常。对于其他系列的一些手机则必须等到进入网络后才会有信号强度指示。在判断其他系列手机不入网故障的故障范围时，给手机插上 SIM 卡，调整菜单，用手动搜网功能寻找网络。

若能找到网络，则说明接收电路是正常的，是发送电路不正常引起的不入网故障；若用手动搜网功能找不到网络，则说明接收电路不正常。若 GSM 手机同时出现接收电路和发送电路故障，则应先排除接收电路故障，这是因为收、发电路共用由锁相环构成的本地振荡器。另外，若接收电路有故障，则手机将接收不到基站的信道分配信息，不能将发送电路调整到指定信道，也就不能进入正常的工作状态。

不入网故障涉及的部位较多，如天线、天线开关、频率合成器、混频器、中频滤波器、中频模块、调制解调器、A/D 变换器、系统时钟、功放模块、功控模块及上述电路的供电与滤波电容等都可能造成手机不入网。遇到不入网故障后，先分清是接收电路故障还是发送电路故障，然后按一定规律检查故障电路的重要元件。

3) 用户接口电路故障。

① SIM 卡故障。插入 SIM 卡后，手机无任何反应或显示出错，其故障一般发生在 SIM 卡供电部分。在 SIM 卡座的供电端、时钟端与数据端，开机瞬间可用示波器观察到

读卡信号。若无此信号，则 SIM 卡供电电路及周边的阻容元件等虚焊或损坏。另外，SIM 卡开关损坏、接触不良或使用已损坏的 SIM 卡也会出现 SIM 卡故障。

有时，SIM 卡在一部手机上能使用，在另一部手机上却不能使用。这是因为在另一部手机中设置了"网络限制"和"用户限制"功能。可以利用网络控制码 NCK 和用户控制码 SPCK 来解除手机的限制功能。这种故障通常需要由网络运营商解决。

② 按键失灵。开机后，全部或部分按键不起作用。全部按键不起作用，对于摩托罗拉机型应先检查免提系统，对其他一些机型可先检查如电源场效应晶体管上拉电阻、按键线上拉电阻及个别按键短路等；某行或某列按键不起作用，可能是相应的行线或列线断路；个别按键不起作用，可能是由于按键脏污所致。当然，对于全部按键不起作用的情况，也可能是软件故障所致。

③ 显示故障。开机后，显示屏无显示、黑屏或显示暗淡等，故障多发生在显示负压电路、显示数据线、内部连接器或显示屏等处。对于有些机型，通过观察开机瞬间显示屏对比度的变化，就可判断 CPU 的工作状况。若看不到对比度变化，则说明对比度控制电压没有送到显示屏，可检查对比度控制电压生成电路。

④ 话筒与听筒故障。话筒与听筒故障可能是由听筒、话筒本身，听筒话筒的连接座，PCM 编/译码器及语音编/译码器等虚焊或损坏所致。

⑤ 背景灯故障。背景灯故障多发生在背景灯的供电管和控制管等处。一般来说，该故障是由于供电管和控制管的虚焊或损坏所致。若个别背景灯不亮，则可能是背景灯虚焊或损坏。

⑥ 振铃或振动故障。振铃或振动故障主要是由于振铃或振动器的供电部分、驱动三极管、保护二极管及控制信号供应线路的元件虚焊或损坏所造成的。

4）软件故障。

① 由于软件的错乱和损坏，手机屏幕提示返厂维修等信息，其主要表现如下：

a. 显示"联系服务商（CONTACT SERVICE）"。

b. 显示"电话无效联系服务商（PHONE FAILED SEE SERVICE）"。

c. 显示"软件出错（WRONG SOFTWARE）"。

d. 显示"请等待输入八位特别码（PLEASE WAIT TO ENTER SPECIAL CODE）"。

e. 显示"非法软件下载（ILLEGAL SOFTWARE LOADED）"。

f. 软件闪退。

② 用户自行锁机但又无法开锁，所有的原厂密码都被改动且出厂开锁密码无效，这种情况也是软件故障。

③ 在相关硬件电路正常的情况下，出现不开机、不入网、定屏死机、无信号、低电告警、无发射等故障，这些也属于软件故障的范围。

（4）手机工作状态

1）开机 30s。

① 开机 30s 内是检查 GSM 接收机电路的最佳时机。

② 开机 30s 内，接收机启动控制信号 RXEN 一直是高电平，接收机射频电路中的各种信号一直都存在。

③ 开机 20～30s 内，可检查发射机电路。

2）待机状态。开机 30s 后，手机进入一个相对稳定的工作状态——待机状态。

在待机状态下，只是接收机在工作，且接收机射频电路是一会儿工作，一会儿不工作，此时的射频信号时有时无。

3）接收测试状态。利用测试软件或测试指令控制手机，使手机只有接收机通道在工作，此时手机处于接收测试状态。

在接收测试状态下，接收机射频电路中的所有的信号都是稳定的、一直存在的。

4）发射。利用测试软件或测试指令控制手机，使手机只有发射机通道在工作，此时手机处于发射测试状态。

此时发射机的工作信道是固定的，整个发射机射频电路处于脉冲工作模式，可用频谱分析仪来检测射频信号，用示波器来检测电路中的直流信号。

5）拨打 112。拨打 112 可以启动发射机，前提是接收机能正常工作。

（5）故障快速定位

1）故障快速定位的思路。

① 根据电路结构，选取几个关键测试点，通过对关键测试点处信号的检测判断，以最少的检测步骤来确定故障出现在哪一个单元电路。

② 在测试方面，需要考虑以下问题：

a. 测试该点处的信号需要什么检测条件？

b. 测试该点的信号需要什么测试设备？

c. 在什么时候测试该点的信号？

③ 对检测结构进行判断时，需要考虑如下问题：

a. 正常情况下，该处的信号应该是怎样的一个信号？

b. 如何确定所检测到的信号是正常或不正常？

2）故障快速定位的方法。

① 用频谱法一次检测快速判断 VCO。

② 用示波器快速判断 RXVCO 的工作：开机 30s 内为检测 RXVCO 的控制电压的最佳时机。

a. 若控制电压的幅度在不断变化，则 RXVCO 电路工作正常。

b. 若控制电压的幅度在恒定不变，则 RXVCO 电路工作不正常。

c. 若控制电压为低电平，则检查 VCO 电源、取样、控制及 PLL 电路。

d. 若控制电压为高电平，则检查参考信号线路、PLL 电路。

③ 不拆机一次检测快速判断发射机：前提是接收机工作正常。

④ 不拆机快速判断接收机。

3）故障快速定位的流程

① 总体思路。

a. 面对一台故障机先不要急于动手，首先通过观察或向用户了解情况，询问故障原因：是摔过机器，还是进水机器，还是使用不当造成此故障。

b. 利用手机键盘和菜单功能，或通过拨打"112"等简单操作大致判断故障类型，从而为快捷有效地维修奠定基础。

② 具体步骤。

a. 直接观察手机的外壳是否受损严重，小心拆开外壳仔细观察手机主板外观是否有变形；元器件是否有丢件、掉件；是否有裂痕、鼓包变形等。

b. 通过耳朵听。通过打接电话检查听筒、振铃、送话器以及按键音等是否正常，在无 SIM 卡情况下可通过拨打"112"听是否有"哆、来、咪"等，初步判断故障部位。

c. 通过触摸方法。给手机加外电源，触摸功放、集成块、电阻、电容、电感等，观察是否有发热、发烫的器件，从而粗略判断故障所在。

d. 给手机加直流稳压电源，观察手机的整机工作电流是大电流还是小电流，从而进一步确定故障位置。

【器材准备】

①不同类型的手机；②稳压电源；③万用表和示波器；④台灯放大镜；⑤专用拆机工具；⑥软件维修仪；⑦防静电护腕。

【项目准备】

表 7-1　　　　　　　　　　　　　故障原因分析与定位的项目准备单

序号	准备内容	_____型号手机	_____型号手机	_____型号手机
1	手机型号			
2	基本参数			
3	外观特点			
4	机械结构			
5	故障现象			

7.1.1.3　任务

1）建立手机的故障维修档案。

2）剖析给定手机的故障原因。

3）手机故障的初步定位。

7.1.1.4　行动

【行动要求】

1）采用小组协作法，各小组由组长根据任务进行分工，全体组员共同完成任务单的各项内容。

2）每个小组必须严格遵守任务实施步骤和实验安全操作规范，完成故障分析和定位。

3）遇到疑难问题先进行小组内部的集体分析讨论，探求解决方案，确实无法解答的可以进行组间讨论或向老师请教，老师做好巡回指导，遇到共性问题及时进行解答。

【行动内容】

行动 1. 建立手机的故障维修档案

1）观察给定不同类型手机的外观特征。

2）询问给定不同类型手机的故障维修经历。

3）查看给定不同类型手机的性能指标和参数。

4）设计一份手机故障维修档案记录表，并完成相关内容的记录。

行动 2. 剖析给定手机的故障原因

1）根据手机维修档案进行故障类型归类。

2）对故障手机的电路进行分段，如是接收机还是发射机故障，是射频部分电路还是基带部分电路故障。

3）利用电路与信号的性质初步分析故障的具体产生原因。

如：手机能搜索到网络，但不能进入服务状态的故障，说明故障应在发射机电路。原因：能搜索网络，说明接收机工作正常，射频 VCO 电路工作正常；若启动发射机后，不能在发射机电路检测到发射射频信号，就只需检查 TX VCO 电路及射频集成电路，而无须检查射频 VCO 电路。

4）根据故障分析要点确定故障的最终产生原因。

① 了解单元电路的工作条件。

② 对工作条件的正常与否进行检测。

③ 进行判断，确定故障。

说明：还需要通过故障检修验证故障原因判断是否准确。

行动 3. 手机故障的初步定位

1）根据故障维修档案确定故障产生原因。

2）确定是否需要拆机进行维修。

3）测量待机电流和开机电流。

4）检测脉冲电压和信号波形。

5）对单元电路进行分段检查。

6）完成故障初步定位。

7.1.1.5 评估

【评估目标】 你是否具备了故障原因分析与定位的能力？

【评估标准】 如表 7-2 所示，评估结果用 A＋、A、B、C 来分别表示优秀、良好、合格、不合格。

表 7-2   项目评估用表

评估项目	评估内容	小组自评	教师评估
应知部分	1. 能快速建立手机维修档案 2. 能进行故障原因的初步分析 3. 能判断手机的故障类型 4. 能进行手机故障的初步定位 5. 能正确填写项目准备单的各项内容		
应会部分	1. 态度端正,团队协作,能积极参与所有行动 2. 主动参与行动,能按时按要求完成各项任务 3. 认真总结,积极发言,能正确解读项目准备单中的问题		
学生签名：	教师签名：	评价日期： 年 月 日	

【课后习题】

1）总结给定手机的故障产生原因。

2）建立一份自己手机的档案。

【注意事项】

1）在分析故障原因的过程中，应注意运用比较和对比的方法，总结规律。

2）在进行手机故障初步定位时，需要综合考虑多方面的因素，善于运用各种方法便于进行故障快速定位。

7.1.2 故障维修方法与流程

7.1.2.1 目标

1）了解故障维修的常见方法。

2）能对手机症状进行"望闻问切"，并根据手机故障出现的规律快速定位故障范围。

3）熟悉运用快速故障定位进行故障处理的流程。

7.1.2.2 准备

【必备知识】

（1）常见故障的维修方法

1）电压测量法。用万用表直流电压挡测量故障机的一些关键点电压，将测出的电压值与参考值相比较，从而判断是否出现故障。其中，参考值的取得一是图纸标出的，二是有经验维修人员积累的，三是从正常手机上测得的。

常见的用万用表直流电压挡测量的关键点有：

① 电源模块的各路输出电压和控制电压。

② 稳压供电管的输入、输出、控制端电压。

③ 接收和发射供电控制管、波段控制切换管各脚的电压。

④ 功放、功控、RXVCO、TXVCO 工作电压。

⑤ 13MHz 主时钟电路工作电压。

⑥ CPU 工作电压、控制电压和复位电压。

⑦ 射频 IC 工作电压。

⑧ 数据处理 IC 工作电压。

⑨ 高放管 LNA 工作电压。

⑩ SIM 卡供电电压及 LCD 供电电压等。

2）观测整机电流法。手机在开机、待机以及发射状态下整机工作电流并不相同，利用电流来判断手机故障也是维修常用的方法。具体方法是去掉手机电池给手机加直流稳压电源，按开机键后可观察到电流表上的电流有如下几种情况。

① 按开机键时电流表无任何电流，其主要原因有：电池触片损坏使电源不能送到电源集成电路；开机键接触不良；开机键到电源集成电路触发脚之间的电路有虚焊现象；电源集成电路损坏。

② 按开机键时电流达不到最大值，故障来源于射频电路或发送电路。

③ 按开机键电流表有指示，但停留在某一电流值上不动，这种情况大多都是软件故障，应检查相应的软件部分。

④ 按开机键时电流表指针瞬间达到最大，电源保护关机，这种情况主要是手机内部有短路现象。

3）信号观测法。利用频谱仪、示波器等测试仪器，根据手机信号的处理流程、各处的信号特征（频率、幅度、相位），通过测试故障机信号，与正常机测试信号对比，从而判断出故障点。

4）直接观察法。不拆机通过维修者的感觉器官（眼、耳、鼻）的感觉来判断故障点，或直接利用手机键盘操作，通过打接电话来观察故障。

① 通过视觉看手机外壳有无破损，前、后盖和电池之间的配合及液晶是否正常，插接件、触簧片、PCB的表面有无明显的氧化和变色。

② 通过听觉听手机内部有无异常声音。

③ 通过嗅觉感觉有无闻到异常的焦味，判断故障是在功放还是在电源部分。

5）温度法（或称为触摸法）。这种方法简单、直观，但需要拆机外加电源来操作，通过手或唇触摸贴片元件，通过表面温度变化来判断组件是否损坏。通常用触摸法来判断好坏的组件有CPU、电源IC、功放、电子开关、三极管、二极管、升压电容电感等。

具体操作方法为：手摸和用制冷剂（酒精或专用制冷剂）。如果功放漏电，导致手机待机时间短，手机上半部会发热。

手机能工作，但待机状态时电流比正常情况下大了许多。这种故障的排除方法是：给手机加电（先加上低压，再逐渐升高，随时留心不要过压以及后面器件的温升），同时用手背去感觉哪个元件发热，将其更换，大多数情况下可排除故障。如仍不能排除，查找其发热元器件的负载电路是否有元器件损坏或其他供电元器件是否损坏。

6）清洗法。由于手机不是全封闭的，且常在户外使用，所以手机内部的PCB板易受到外界水分、酸性气体和灰尘的侵蚀，而且BGA封装导致触点易氧化而造成接触不良的故障现象比较常见，此时只需据故障现象清洗相应的部位即可。可用无水酒精或超声波进行清洗。常见接触不良的部位有SIM卡座、电池簧片、振铃簧片、送话器、受话器、振动器簧片以及前、后板连接簧片、按键板上的导电橡胶等。

7）电阻法。利用万用表的欧姆挡来排除常见的开路、短路、虚焊元件及烧毁等故障。

8）加焊法。目前，由于手机中全部采用贴片元件（SMD）和BGA封装形式，因此安装工艺中采用了先进的表面贴装技术焊接（SMT）。手机电路上焊点的面积很小，因此能够受的机械应力（如按压按键时的应力）很小，很容易出现虚焊故障，而且虚焊点难以用肉眼发现。该法就是根据故障的现象，通过工作原理的分析，判断故障可能在哪一个部位，然后用防静电电烙铁和热风枪加焊、吹焊并清洗。

9）编程法。在手机维修中，由于手机的控制软件相当复杂，易受温度、外力等因素的影响而造成数据紊乱、部分程序或数据丢失的现象，此时需要将软件重新编程。

10）断开法。当手机出现不能开机或开机就保护手机的故障时，其原因可能是电源管理模块有问题，也可能是其相关的负载有短路或漏电故障。此时可采用该方法排除故障。

11）跨电容法。对于手机维修来说，手机中滤波器很多，高频滤波、中频滤波、低通滤波等大多都采用陶瓷滤波器、声表面滤波等，常因受力挤压而出现裂纹和掉点，而滤波器好坏无法用万用表测试，所以在维修上采用电容替代法，如用细的高强度漆包线跨接0Ω电阻或某一单元，用100pF的电容器跨接射频滤波器等。

12）飞线法。有些手机因进液体而出现过孔腐蚀烂线现象，可通过对比法参照相同型号手机进行测试，断线的地方要飞线连接。例如手机的"松手关机"就要用飞线法来解决。

13）元件替代法。元件替代法是指用好的元件来替代重点怀疑的元件。维修人员应备一些常用的易损元件和旧手机板以便代换时用。

14）对比法。对比法是指用相同型号且拨打、接听都正常的手机作为参照来维修故障机的方法，通过对比可判断故障机是否有丢件、掉件，是否有断线，各关键点电压是否正常等。

15）按压法。按压法是针对摔过的手机或受过挤压的手机而采用的方法，手机中贴片集成 IC（如 CPU、字库、内存和电源块）受震动时易虚焊，用手按压住重点怀疑的集成 IC 给手机加电，观察手机是否正常，若正常可确定此集成块虚焊。用此法要注意静电防护。

16）万用表测量法。通常是用万用表测直流电压或电阻阻值来确定故障所在。测电压是指测关键点的直流电压，如供射频、逻辑、屏显、SIM 卡等供电电压值是否正常，或者用万用表测试听筒、振铃、送话器的好坏。

17）软件维修方法。在手机故障中有相当一大部分是软件故障。由于字库、码片内资料丢失或出错，或者由于人为误操作锁定了程序，会出现"Phone failed see service"（话机坏联系服务商）、"Enter security code"（输入保密码）、"Wrong software"（软件出错）、"Phone locked"（话机锁）等典型的故障，还有一些不开机、无网、没信号的也都属于软件故障。处理软件故障方法是拆机或免拆机写码片、写字库。

18）黑盒子分析法。

① 黑盒子分析法的定义。将手机中的射频单元电路分为放大器、振荡器和混频三大类，将其中的每一种电路看成是一个黑盒子，不去管其中有些什么电子元器件，不管它们如何连接，重点观察这个盒子的几个端口，电源端、输入端、输出端和控制端的信号是否正常，并做出相应的分析的方法。

② 具体含义。

a. 在检修放大电路时，放大电路的输入信号是作为放大电路正常工作与否的判断参考，在进行快速判断时，必须检测到输入信号和输出信号，在深入检修时，则应检查电源和控制信号是否正常。

b. 检修混频电路时，主要检测的是两个输入和输出信号是否正常。

c. 检修 VCO 电路时，主要检测两个输入和输出是否正常。

③ 各种电路中控制信号的作用。

a. VCO 电路中控制信号用来控制输出信号的频率。

b. 放大电路中的控制信号用来控制放大电路是否正常工作，或控制放大电路输出信号的幅度大小。

c. 混频电路的控制信号是控制电路是否工作。

其中：放大电路是否正常工作通过比较输入输出信号幅度来决定；振荡电路和混频电路是否正常工作则是通过检查输出信号即可。

（2）手机维修的六个阶段

手机无论发生何种故障，都必须经过"问、看、听、摸、思、修"这六个阶段。对于不同的机型、不同的故障、不同的维修方法，用于这六个阶段的时间不同。

1）问。如同医生问诊一样，首先要向用户了解一些基本情况。如产生故障的过程和原因，手机的使用年限及新旧程度等有关情况。这种询问结果应该成为进一步观察所要注意和加以思考的线索。

2）看。由于手机的种类繁多，难免会遇到自己以前接触不多的新机型或市面上较少的机型，看时应结合具体机型进行。看待机时的绿色 LED 状态指示灯是否闪烁，还要观察呼叫拨出时显示屏的信息等。

3）听。可以从待修手机的话音质量、音量情况、声音是否断续等现象初步判断故障。

4）摸。主要是针对功率放大器、晶体管、集成电路以及某些组件。用手触摸可以感触到表面温度的高低，如烫手，可推测到是否电流过大或负载过重，即可根据经验粗略地判断出故障部位。

5）思。即分析思考。根据以前观察、搜集到的全部资料，运用自己的维修经验，结合具体电路的工作原理，运用必要的检测手段，综合地进行分析、思考、判断，最后提出检修方案。

6）修。对于已经失效的元器件进行调换、焊接。对于可以经过技术处理后再使用的零部件尽量不丢弃，以节省开支。特别是对于一些不常见的以及难以配购的元器件，应通过各种有效办法尽量修复。

（3）常见故障的分析技巧

1）根据芯片分析：可以根据射频芯片和基带芯片进行分析。

常见的手机芯片生产商有：美国德州仪器（TI）、美国模拟器件公司（ADI）、英飞凌科技公司、RF Micro Devices、飞利浦、杰尔、日立、美国高通、展讯和联发科技等。

① 日立和 RF Micro Devices 主要提供射频信号处理器、发射功率放大器等射频方面的器件。

② 美国高通主要提供 CDMA 手机的解决方案。

③ 其余生产商基本都可以提供数字基带信号处理器、模拟基带信号处理器、复合射频信号处理器等 GSM 或 CDMA 手机的解决方案。

④ 采用相同基带芯片的手机中，按键接口电路、内接送话器、受话器的音频信号线路都很相似；手机的各种监控电路有相似之处；手机的软件下载平台、维修测试软件可以通用。

2）根据特殊器件分析。

① 双工器。

作用：分析同一频段内的接收射频与发射射频信号。

端口：TX 端口、RX 端口和 ANT 端口。

② 中频滤波器。

作用：滤波，输出信号纯净的中频信号。是重要的中频信号检测点。

故障检修时，正常情况下两边信号的幅度肯定是一个大，一个小，否则有故障存在。

③ 参考振荡组件。

作用：产生频率，用于频率合成环路和基带信号电路中。

端口：输出端、AFC 端口、电源端和接地端。

④ 射频 VCO 或发射 VCO。

端口：输出端、AFC 端口、电源端和接地端。

⑤ I/Q 线路。

开机 30s 内检测，若出现连续信号的是 RXI/Q，若只有瞬间的或没有信号的则是

TXI/Q 信号。

⑥ 功率放大器。

作用：放大最终发射信号，匹配到天线电路，完成电信号到电磁波的转换。

端口介绍：信号输入端连接到发射 VCO 的输出端，或连接到上变频电路；VAPC 控制端连接到功率控制电路；输出端通常经功率分配器、微带线定向耦合器连接到天线电路。

3）根据接口终端器件分析。

① 送话器：将声音信号转换成电信号。通过它可以查找到手机的发射音频电路。

② 受话器：是一个电声转换器件，将模拟的话音信号转换成声波，常用的是高压静电式受话器。

③ 电源开关键：通过它可以找到开机信号线路。

④ 天线：它连接的是天线电路。

⑤ 干簧管与霍尔器件：主要用于手机翻盖电路中。

⑥ 振动器：主要用于来电显示，通过它可以找到振动器驱动电路。

⑦ LCD 显示器：分两种，一种是 LED 显示器，另一种是 LCD 显示器。在手机中常用一个模组，用专用的芯片来驱动。

⑧ 背景灯：通常采用的是 LED，通过它可以找到背景灯控制电路或背景灯的电源电路。

⑨ 实时时钟晶体：通常由一个 32.768KHZ 的晶体产生，它损坏会导致手机无时间显示的故障。

⑩ SIM 卡座：有几个基本的接口：时钟、复位、数据、电源和地，通过它可以找到 SIM 卡接口电路。

【器材准备】

①不同类型的手机；②稳压电源；③万用表和示波器；④台灯放大镜；⑤专用拆机工具；⑥软件维修仪；⑦防静电护腕。

【项目准备】

表 7-3　　　　　　　　　　　　　故障维修方法与流程的项目准备单

序号	故障维修方法	描述该方法的应用场合
1	电压法	
2	电流法	
3	信号法	
4	观察法	
5	温度法	
6	清洗法	
7	加焊法	
8	跨电容法	
9	元件替代法	
10	黑盒子法	

7.1.2.3 任务

1）手机常见故障的出现规律。

2）运用电流法判断手机故障。

3）维修手机常见故障的技巧。

7.1.2.4 行动

【行动要求】

1）采用小组协作法，各小组由组长根据任务进行分工，全体组员共同完成任务单的各项内容。

2）每个小组必须严格遵守任务实施步骤和实验安全操作规范，分析故障处理流程。

3）遇到疑难问题先进行小组内部的集体分析讨论，探求解决方案，确实无法解答的可以进行组间讨论或向老师请教，老师做好巡回指导，遇到共性问题及时进行解答。

【行动内容】

行动1. 剖析手机常见故障的出现规律

当遇到一台新机型时，应首先研究这部手机在结构上有什么特点，有什么弱点，从而推断出其可能的故障。同样，当手机故障出现时，则应该根据其结构判断其故障可能存在的地方。手机常见故障的出现规律主要表现为：

（1）双边引脚的集成电路

双边引脚元器件固定面只有两面，当着力点在中间时，两边会产生类似跷跷板的现象导致脱焊，其牢固程度比四边引脚元件相差远，而在双边引脚元件中，码片比字库牢固。因为字库比码片长得多，更容易脱焊造成不开机或软件方面的故障。

（2）内联座结构的排插

内联座结构的排插最易出现接触不良。通常出现不开机、显示黑屏、开机后死机、不识卡、按键失灵等故障，都与排插不良有关。拆机补焊或清洗好排插即可排除故障。

（3）板子薄的手机背面的元器件

对板子薄的手机，若按键太用力，极易使背面元器件虚焊。

（4）手机的排线结构

手机的排线结构易出现断线故障，由于排线要拆来拆去，便产生物理性疲劳，导致不开机、合翻盖关机、按下开机键就振动、发射关机、开机低电告警、无受话、无显示等故障。

（5）手机的点触式结构

手机的点触式结构有很多种形式，常见的有：

1）显示屏通过导电胶与主板连接。

2）听筒或送话器通过导电胶或触片与主板相连，易造成无受话、无送话故障。

3）功能板与主板通过按键弹片形式连接，易造成不开机、按键失灵等故障。

4）天线与主板天线座通过接触弹片形式连接，易造成无信号或信号弱故障。

5）外壳的电池触点与主板以弹片形式接触，易造成开机低电告警、自动关机、按键关机或发射关机等故障。

6）外壳的卡座和主板以弹片形式接触，易造成不识卡故障。

（6）BGA封装的集成电路

现在的手机基本上逻辑部分都采用 BGA 软封装，这类封装的特点是采用球状点接触式，优点是比一般封装能容纳更多的引脚，可使手机做得更小，结构更紧凑，但很容易脱焊，这是整机中最薄弱的环节之一。

（7）阻值小的电阻器和容量大的电容器

阻值小的电阻器在供电线上起保险丝作用，若电流过大，首先会被击穿。另外，供电线路上用许多对地电容器来滤波，其个头和容量一般较大，若电压或电流不稳定就会击穿电容器而漏电。

（8）设计不合理的地方

各种各样的手机在设计时都不可能做到十全十美，都有其固有的缺点和不足，这是先天的，在手机出厂时就隐含了使用时必然要出现的一些故障。这些结构的弱点，有时是设计不成熟造成的，有时则是选用材料的质量不过关，厂家是知道这些弱点的，但又无法逃避。一般来说，质量越好的手机要求元器件越大越好，因为元件越大，引脚越粗，越牢固。而现实情况是，人们要求手机必须越来越小、功能越来越多。

（9）使用频繁的地方

翻盖机的排线、手机的触摸屏、按键等使用最频繁，故也是最容易损坏的地方。

（10）负荷重的地方

手机的电源和功放电路承载着手机的负荷，因此这部分也是最易损坏的地方。

（11）工作环境差的元件

手机的听筒、送话器由于裸露在外，这本身就是一种结构弱点，如再遇到不讲个人卫生的使用者，不注意保养，进入过多的灰尘，使用时间过长，必然产生音小、无声的故障。

例如："无送话，听筒音小"的原因包括：听筒、话筒损坏或菜单中的听筒音量设置问题；话筒与主板接触不良或断线，听筒有灰尘堵塞；音频 IC 损坏。有很多手机的听筒与主板是采用点接触式结构，那么无送话的原因是话筒与主板接触不良的可能性要大些，由于灰尘堵塞听筒，可能导致听筒音小。尾插也是最容易受污的地方，当尾插受潮或受污，很容易造成内部漏电，导致手机装上电池就漏电或交流声等。

行动 2. 运用电流法判断手机故障

任何一部手机，其工作电流都有相应的参数，而且在其供电、时钟、复位、软件、维持等方面均有不同的数值，根据不同的动态变化和不同的数值可大致判断出疑难故障所在。不同的手机开机时有不同的电流值，根据稳压电源电流表指针摆动情况来完成手机的故障判断：

根据 IC 工作消耗的电流多少来判断故障范围，先将电源、13M、CPU、暂存、字库五大器件拆下，然后再逐个装上。

1）当只装上电源 IC 时，电流为 13mA，说明电源 IC 正常工作电流为 13mA，若电流小于 13mA，则说明电源 IC 坏。

2）再装上 13MHz 晶体，电流也是 13mA，则说明 CPU 未正常工作。

3）再装上 CPU 电流为 45mA，若电流为 45mA，则说明电源、13MHz、CPU 基本正常工作。

4）再装上暂存，电流也为 45mA，此时只有字库尚未装上，即说明 45mA 即为字库未工作的电流，可能是软件坏或字库坏。

故障判断如下：

1) 当电流无电流反应时，首先查开机线，其次查 B+ 输入线，最后查电源 IC。

2) 当加电即有漏电时，应主要查与 B+ 相通的元器件（功放和电源）。

3) 当按开机键电流为 45mA（软件无法正常运行时），若开机电流为 0—40mA—稍停—50mA—0，则多为软件故障，也有少部分为暂存器损坏；若开机电流为 0—50mA—0mA，则多为字库虚焊或损坏。

4) 当电流小于 40mA 为 CPU 未工作时，引起的原因有：电源 IC 坏，时钟电路坏，CPU 坏，此种电流时不用怀疑软件。

5) 在不用装卡时，手机有接收的正常电流为：0mA（低）—50mA（中）—180mA（高）—140mA（中）抖动、灯灭归零；若 140mA 时无抖动，灯灭归零，手机无接收。

行动 3. 维修手机常见故障的技巧

手机常见故障的维修方法非常多，主要遵循"望闻问切"的流程进行处理，根据常见的故障分析方法和实际故障处理技巧，完成表 7-4 中的内容。

表 7-4　　　　　　　　　　　　手机故障维修技巧

手机型号		故障原因	
序号	故障现象	维修技巧	
1	完全不能开机		
2	开机后自动关机		
3	不入网		
4	音频处理故障		
5	不识卡		
6	进水故障		

7.1.2.5　评估

【评估目标】　你是否具备了选择故障维修方法与流程的能力？

【评估标准】　如表 7-5 所示，评估结果用 A+、A、B、C 来分别表示优秀、良好、合格、不合格。

表 7-5　　　　　　　　　　　　项目评估用表

评估项目	评估内容	小组自评	教师评估
应知部分	1. 能对手机症状进行"望闻问切" 2. 根据手机故障现象选择合适的故障维修方法 3. 运用故障处理流程说明常见故障排除技巧 4. 能正确填写项目准备单的各项内容		
应会部分	1. 态度端正,团队协作,能积极参与所有行动 2. 主动参与行动,能按时按要求完成各项任务 3. 认真总结,积极发言,能正确解读项目准备单中的问题		
学生签名：	教师签名：	评价日期：　　年　　月　　日	

【课后习题】

1）简述手机常见故障的主要维修方法？

2）举例说明常见故障的处理流程？

【注意事项】

1）手机故障维修方法纷繁复杂，应根据故障现象选择最合适的方法进行处理。

2）注意收集故障案例，总结故障处理过程中的经验和教训，逐步建立手机故障处理案例资源库。

项目7.2　手机的常见故障处理

扫码观看

【模块描述】

在手机维修中，对手机的不同损坏部件进行维修替换设备的使用是维修人员必备的能力之一，对一些常见部件替换维修的操作技巧是本模块需要练习和掌握的一项技能。

教学视频

【能力目标】

1）掌握常用维修仪器及工具的使用。

2）掌握手机常见部件故障处理的维修技巧。

3）能够对手机常见故障进行分析维修。

7.2.1　手机屏幕故障处理

7.2.1.1　目标

1）掌握手机屏幕故障原因分析。

2）掌握手机屏幕拆装技巧。

3）掌握手机屏幕维修替换技巧

7.2.1.2　准备

【必备知识】

手机屏幕是手机最重要的部件之一，主要用于显示图像和色彩，是人机交互的最重要形式，按手机屏幕的材质和技术，可将其分为TFT、TFD、UFB、STN 和 OLED 几种。其结构主要包含如图所示的盖板玻璃、触控功能层、显示屏、背光板，如图 7-1 所示。

手机屏幕的故障主要有屏幕破损、黑屏和花屏。

（1）屏幕破损

造成手屏幕破损多有手机摔、砸、挤压等，假若屏幕破损，触摸无法正常使用，则为手机内屏排线接触不良或内屏坏损，需要专门检测处理排线或更换手机总成；如果触摸可以

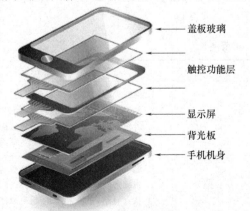

盖板玻璃

触控功能层

显示屏

背光板

手机机身

图 7-1　手机屏幕结构

正常使用，则为手机外屏损坏，更换外屏即可。

（2）黑屏

手机黑屏是手机屏幕故障的多发现象，手机黑屏多由以下原因造成：

1）内存原因。一般情况下的手机在存储东西过多时，不仅会让手机运行速度大大减慢，而且在运行程序中很容易黑屏然后自动退出程序。特别是机身存储较小的手机易出现这种情况。

处理方法：卸载一些不必要的手机应用，停用手机后台的不必要进程，关掉非及时通信应用的自启动，安装清理软件清理手机残存的垃圾，并即时对手机内存进行清理。

2）接触问题。接触问题主要分为两个方面。

① 手机屏幕排线接触出现了松动，这种情况一般是手机被摔导致排线松动而产生的。

② 手机受潮导致排线短路引起黑屏。其实手机受潮不一定是手机进水，在习惯在浴室、桑拿房等高温潮湿的环境中使用手机；手经常出汗或者手经常碰水再去使用手机等情况下，手机也有可能受潮导致防水贴变红甚至主板发霉的情况。

处理方法：若是排线松动则需要拆机处理排线问题，若是手机受潮进水，则需要到售后或维修店进行专业的检测，检修主板电路，并尝试修复。

3）软件冲突问题。安卓手机市场软件众多，其中就有天生冲突的软件。这种一般是在运行某个程序时黑屏然后直接退出程序，甚至手机自动重启。

处理方法：卸载此软件，寻找替代软件。

4）电池问题。电池使用时间过长，或者是电池过放过充导致手机电池寿命缩短。进而导致黑屏或者重启。手机电池与电池连接器接触不良也会有这种情况。

处理方法：

① 可以用酒精棉棒轻轻擦拭连接处，看问题能否解决。

② 到售后或维修店更换原装电池。

5）ROOT导致。手机ROOT会导致手机系统兼容性不佳，手机卡顿死机等情况，也极有可能导致手机黑屏。

处理方法：若手机被ROOT而导致手机黑屏，则需要将手机进行刷机处理。

6）贴膜。手机黑屏有可能是贴膜的时候把距离感应器挡住了。距离感应器和手机屏幕亮与息有关。

处理方法：取下保护膜看能否恢复正常。

7）手机中"病毒"。手机中"病毒"之后也容易发生黑屏的情况。现在手机很容易感染"病毒"，所以手机上一定要有安全监控软件。

处理方法：利用安医生、手机腾讯、360、金山等杀毒软件对手机进行杀毒。

（3）花屏

花屏就是指手机显示屏显示的内容出现错误，呈现色彩交错、斑块、雪花等，影响使用和操作，甚至导致手机直接无法使用。手机花屏的原因有很多，包括两个方面：

1）硬件问题。显示屏或排线质量太差、GPU低端低能、装配问题、内存扇面损坏、环境因素、意外损伤等，都会引起花屏。

2）软件问题。系统优化问题、驱动程序问题、软件冲突、文件读取错误、病毒等，也是引起花屏的原因。

判断花屏的原因和解决方法有以下几点：

① 显示出横条或竖条，一般是屏幕的排线断线。修复的话需要更换手机总成。

② 显示出云彩状的斑点花屏，那么应该是手机内屏坏掉了，需要更换手机总成。

③ 开机或使用过程中偶尔出现乱码（图像或文字错乱）的那种的话，原因可能有多种，软件坏的可能性最大，拿去刷机一般就会好。另外就是 CPU 坏也可能，字库 IC FLASH 坏也有可能，需要去专业的维修机构进行检测，这种故障一般能修复，但比较麻烦，费用可能也较高，如果主板问题严重费用高的话，一般没有维修价值。

【器材准备】

①手机拆装机工具；②手机测试工具；③多部故障手机。

【项目准备】

熟记手机屏幕故障的常见原因及处理方法。

7.2.1.3　任务

1）对多部屏幕故障手机进行分析，找到故障原因，进行有针对性处理。

2）完成手机屏幕的更换。

7.2.1.4　行动

【行动要求】

1）采用小组协作法，各小组由组长根据任务进行分工，全体组员共同完成任务单的各项内容。

2）每个小组必须严格遵守任务实施步骤和实验安全操作规范。

3）遇到疑难问题先进行小组内部的集体分析讨论，探求解决方案，确实无法解答的可以进行组间讨论或向老师请教，老师做好巡回指导，遇到共性问题及时进行解答。

【行动内容】

1）对多部屏幕故障手机进行分析，找到故障原因，进行有针对性处理。

2）对手机屏幕进行更换处理。

本例以华为 mate20pro 为例讲解手机屏幕更换的流程。

第一步　取出手机的卡槽，如图 7-2 所示。

图 7-2　取下卡槽

第二步　热风枪加热后盖后，拆下后盖，如图 7-3 所示。

第三步　按拆机步骤，到达取下电池，断开显示屏排线，如图 7-4 所示。

图 7-3 拆下后盖

图 7-4 拆下电池

第四步 用热风枪加热屏幕面板，温度 100℃持续 1min 左右，取下屏幕面板，如图 7-5 所示。

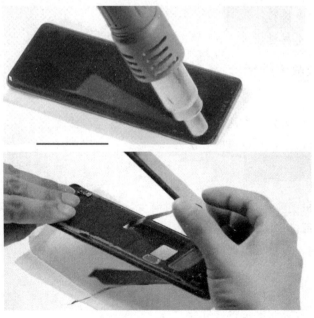

图 7-5 拆下屏幕

第五步 更换新手机屏幕。

第六步 通电检查。

第七步　装机。

第八步　开机通电测试。

7.2.1.5　评估

【评估目标】　你是否具备了手机屏幕故障处理技能？

【评估标准】　如表 7-6 所示，评估结果用 A＋、A、B、C 来分别表示优秀、良好、合格、不合格。

表 7-6　　　　　　　　　　　　　　项目评估用表

评估项目	评估内容	小组自评	教师评估
应知部分	1. 了解手机屏幕故障类型 2. 了解手机屏幕故障处理方法 3. 掌握安全注意事项		
应会部分	1. 掌握手机屏幕故障处理方法与技巧 2. 态度端正，团队协作，能积极参与所有行动 3. 主动参与行动，能按时按要求完成各项任务 4. 认真总结，积极发言		
学生签名：	教师签名：	评价日期：　　年　　月　　日	

【课后习题】

1）手机屏幕故障的分类有哪些？

2）简述手机屏幕更换的主要步骤。

【注意事项】

1）注意防静电。

2）拆装过程注意排线。

3）热风枪操作不易过热过久。

7.2.2　手机按键故障处理

7.2.2.1　目标

1）了解按键故障的分析方法。

2）掌握使用万用表检测按键的方法。

7.2.2.2　准备

【必备知识】

如今的智能手机的实体按键已经非常的稀少，主要是开机/关锁、音量键这几个个实体按键，其他按键都已虚拟键的形式存在，往往有触摸屏实现，因此智能手机的按键处理主要针对开机/关锁、音量键出现的故障。实体键主要是微动开关管，多位于手机的顶部或侧面。

（1）按键检测

1）检测按键的按要效果是否良好。

2）微动开关未按压时，相当于断路，按压时，相当于短路，可基于此采用万用表的欧姆挡，通过测试微动开关两种状态时的电阻判断微动开关是否损坏。

（2）按键替换

首先根据智能手机的型号或微动开关的大小、类型选择对应的微动开关替换。然后用电烙铁或热风焊机，将损坏的微动开关的引脚从电路板上焊开取下，再将新更换的微动开关重新焊装到位即可。

【器材准备】

①数字万用表；②拆机工具；③智能手机。

【项目准备】

理解按键的检测方法及替换步骤。

7.2.2.3　任务

1）智能手机按键检测。

2）智能手机按键替换。

7.2.2.4　行动

【行动要求】

1）采用小组协作法，各小组由组长根据任务进行分工，全体组员共同完成任务单的各项内容。

2）每个小组必须严格遵守任务实施步骤和实验安全操作规范，使用测试设备完成电压、电流、电阻的测量。

3）遇到疑难问题先进行小组内部的集体分析讨论，探求解决方案，确实无法解答的可以进行组间讨论或向老师请教，老师做好巡回指导，遇到共性问题及时进行解答。

【行动内容】

1）智能手机按键检测。

2）智能手机按键替换。

7.2.2.5　评估

【评估目标】　你是否具备了数字万用表的基本使用技能？

【评估标准】　如表 7-7 所示，评估结果用 A＋、A、B、C 来分别表示优秀、良好、合格、不合格。

表 7-7　　　　　　　　　　　　　项目评估用表

评估项目	评估内容	小组自评	教师评估
应知部分	1. 了解智能手机按键的检测方法 2. 了解智能手机按键的替换方法 3. 掌握安全注意事项		
应会部分	1. 掌握智能手机的按键检测替换方法 2. 态度端正，团队协作，能积极参与所有行动 3. 主动参与行动，能按时按要求完成各项任务 4. 认真总结，积极发言		
学生签名：	教师签名：	评价日期：　年　月　日	

【课后习题】

1）简述智能手机按键的检测方法。

2）简述智能手机按键的替换步骤。

【注意事项】

注意电烙铁或热风焊机的温度，避免损坏别的元器件。

7.2.3 手机听筒、话筒故障处理

7.2.3.1 目标

1）了解手机听筒、话筒的检测方法。

2）掌握手机听筒、话筒的替换方法。

7.2.3.2 准备

【必备知识】

1）听筒：听筒是智能手机和平板电脑中重要的传声部件，通过电路板中音频处理芯片提供的音频信号，驱动发生发声，若发生故障，会造成接听时，无法听到对方的声音。

听筒一般粘贴在手机内部，通过压接的方式与电路板相连，一般听筒的电阻值为30Ω，如果听筒损坏，则其电阻值会发生变化，因此听筒的检测主要通过万用表测量其电阻，即可初步判断其是否损坏。

听筒的替换步骤一般是将手机的屏蔽罩与手机主板分离后，将屏蔽罩翻转，找到听筒，然后用镊子取下，更换即可。

2）话筒：话筒是智能手机和平板电脑中重要的输入部件，用于将通话或者语音识别中采集的声音信号转化为电信号并传送到电路板中。如果发生故障，将无法进行声音的采集，或者出现声音识别异常等。

听筒一般位于手机的底部，通过排线与电路板相连，且听筒的电阻一般为$1.4k\Omega$左右，如果损坏，其电阻将发生改变，因此通过万用表测量其电阻，既能判断其是否损坏。

听筒的替换方式，首先打开手机后盖，找到听筒，将听筒与主板连接的插件拔下，即可取下听筒，然后再将新的话筒轻轻插接到电路接口中即可。

【器材准备】

①数字万用表；②拆装工具；③智能手机。

【项目准备】

理解话筒和听筒的检测和替换方式。

7.2.3.3 任务

1）智能手机听筒的检测与替换。

2）智能手机话筒的检测与替换。

7.2.3.4 行动

【行动要求】

1）采用小组协作法，各小组由组长根据任务进行分工，全体组员共同完成任务单的各项内容。

2）每个小组必须严格遵守任务实施步骤和实验安全操作规范，使用测试设备完成电压、电流、电阻的测量。

3）遇到疑难问题先进行小组内部的集体分析讨论，探求解决方案，确实无法解答的可以进行组间讨论或向老师请教，老师做好巡回指导，遇到共性问题及时进行解答。

【行动内容】

1）智能手机听筒的检测与替换。

2）智能手机话筒的检测与替换。

7.2.3.5 评估

【评估目标】 你是否具备了手机的听筒和话筒的检测和替换能力？

【评估标准】 如表 7-8 所示，评估结果用 A＋、A、B、C 来分别表示优秀、良好、合格、不合格。

表 7-8　　　　　　　　　　　　　　项目评估用表

评估项目	评估内容	小组自评	教师评估
应知部分	1. 了解智能手机听筒的检测替换方法 2. 了解智能手机话筒的检测替换方法 3. 掌握安全注意事项		
应会部分	1. 掌握智能手机听筒、话筒的检测替换技能 2. 态度端正，团队协作，能积极参与所有行动 3. 主动参与行动，能按时按要求完成各项任务 4. 认真总结，积极发言		
学生签名：	教师签名：	评价日期：　　年　　月　　日	

【课后习题】

1）简述智能手机听筒的检测替换方法。

2）简述智能手机话筒的检测替换方法。

【注意事项】

拆机过程中，注意各种排线。

7.2.4　手机摄像头、振动器故障处理

7.2.4.1 目标

1）了解手机摄像头、振动器的检测方法。

2）掌握手机摄像头、振动器的替换方法。

7.2.4.2 准备

【必备知识】

1）摄像头。如今的手机摄像头越来越多，一般有前置摄像头和后置摄像头两类，主要用于采集图像信息，使手机具有拍照、录视频、视频通话、直播的功能。如果发生故障，将会使手机在拍照或录像时，出现镜头调整失灵、图像或取景异常等。

摄像头一般通过软排线与电路相连，检测其是否正常，主要查看其接口引脚是否完好，软排线是否存在破损、脏污或断裂，镜头是否有明显的损伤。摄像头的替换，首先将软排线拔掉，然后将固定摄像头的落实取下，即可将摄像头取下，更换上新的摄像头。

2）振动器。手机的振动器是一个小型电动机，在传动轴上套上一个偏心振轮，这样电动机在转动时，带动偏心振轮旋转，在离心力下使手机振动，当手机振动不了时，一般就是振动器发生了故障。

振动器一般通过压接的方式与电路板相连，振动器一般电阻为 10.5 欧左右，检测振

动器是否损坏，只需取下振动器，用万用便判断即可。振动器的替换只需将其拆下，换上新的即可。

【器材准备】

①数字万用表；②拆装工具；③智能手机。

【项目准备】

理解摄像头、振动器的检测和替换方式。

7.2.4.3 任务

1）智能手机摄像头的检测与替换。

2）智能手机振动器的检测与替换。

7.2.4.4 行动

【行动要求】

1）采用小组协作法，各小组由组长根据任务进行分工，全体组员共同完成任务单的各项内容。

2）每个小组必须严格遵守任务实施步骤和实验安全操作规范，使用测试设备完成电压、电流、电阻的测量。

3）遇到疑难问题先进行小组内部的集体分析讨论，探求解决方案，确实无法解答的可以进行组间讨论或向老师请教，老师做好巡回指导，遇到共性问题及时进行解答。

【行动内容】

1）智能手机摄像头的检测与替换。

2）智能手机振动器的检测与替换。

7.2.4.5 评估

【评估目标】 你是否具备了手机的摄像头和振动器的检测和替换能力？

【评估标准】 如表 7-9 所示，评估结果用 A＋、A、B、C 来分别表示优秀、良好、合格、不合格。

表 7-9   项目评估用表

评估项目	评估内容	小组自评	教师评估
应知部分	1. 了解智能手机摄像头的检测替换方法 2. 了解智能手机振动器的检测替换方法 3. 掌握安全注意事项		
应会部分	1. 掌握智能手机听筒、话筒的检测替换技能 2. 态度端正,团队协作,能积极参与所有行动 3. 主动参与行动,能按时按要求完成各项任务 4. 认真总结,积极发言		

学生签名：	教师签名：	评价日期： 年 月 日

【课后习题】

1）简述智能手机摄像头的检测替换方法。

2）简述智能手机振动器的检测替换方法。

【注意事项】

拆机过程中，注意各种排线。

7.2.5 手机常见接口故障处理

7.2.5.1 目标

1）了解手机常见接口的检测方法。

2）掌握手机常见接口的替换方法。

7.2.5.2 准备

【必备知识】

（1）耳机接口

现在的手机都有耳机接口，用于连接耳机，传输音频信号。当耳机接口发生故障时，则在手机插接耳机后，将出现耳机无法识别、无声音或者声音异响。

如果耳机插入手机耳机孔后，播放音乐仍然听不到声音，可以通过排除法测试是否耳机接口故障：将该耳机插入其他手机耳机孔测试该耳机是否有故障，如果耳机正常，则再将原手机通过蓝牙连接蓝牙耳机播放音乐，看是否能够正常播放音乐，如果能够听到声音，则很大可能就是耳机接口故障。

耳机接口的替换：只需用电烙铁，将耳机接口拆下，同时将新的耳机接口焊接上即可。

（2）USB接口

该接口是手机上的必备接口，主要用于充电和数据传输，如果发生故障，则会使手机无法充电或与电脑进行数据传输。

USB接口的检测：主要是查看引脚是否氧化、锈蚀或者脱焊，接口外壳有无变形，内侧触片有无氧化变形，从而判断是否损坏。

USB接口的替换方式与耳机接口替换方式相似。

【器材准备】

①数字万用表；②拆装工具；③智能手机；④电烙铁；⑤焊锡丝；⑥耳机接口；⑦USB接口。

【项目准备】

理解耳机接口、USB接口的检测和替换方式。

7.2.5.3 任务

1）智能手机耳机接口的检测与替换。

2）智能手机USB接口的检测与替换。

7.2.5.4 行动

【行动要求】

1）采用小组协作法，各小组由组长根据任务进行分工，全体组员共同完成任务单的各项内容。

2）每个小组必须严格遵守任务实施步骤和实验安全操作规范，使用测试设备完成电压、电流、电阻的测量。

3）遇到疑难问题先进行小组内部的集体分析讨论，探求解决方案，确实无法解答的可以进行组间讨论或向老师请教。老师做好巡回指导，遇到共性问题及时进行解答。

【行动内容】

1）智能手机耳机接口的检测与替换。

2）智能手机 USB 接口的检测与替换。

7.2.5.5　评估

【评估目标】　你是否具备了手机的耳机接口和 USB 接口的检测和替换能力？

【评估标准】　如表 7-10 所示，评估结果用 A＋、A、B、C 来分别表示优秀、良好、合格、不合格。

表 7-10　　　　　　　　　　　　　　项目评估用表

评估项目	评估内容	小组自评	教师评估
应知部分	1. 了解智能手机耳机接口的检测替换方法 2. 了解智能手机 USB 接口的检测替换方法 3. 掌握安全注意事项		
应会部分	1. 掌握智能手机耳机接口、USB 接口的检测替换技能 2. 态度端正，团队协作，能积极参与所有行动 3. 主动参与行动，能按时按要求完成各项任务 4. 认真总结，积极发言		
学生签名：	教师签名：	评价日期：　　年　　月　　日	

【课后习题】

1）简述智能手机耳机接口的检测替换方法。

2）简述智能手机 USB 接口器的检测替换方法。

【注意事项】

1）拆机过程中，注意各种排线。

2）焊接时，注意避免损坏其他元器件。

参 考 文 献

［1］ 韩雪涛. 智能手机维修从入门到精通 ［M］. 北京：化学工业出版社，2019.

［2］ 阳鸿钧. 双色图解智能手机维修快速入门 ［M］. 北京：化学工业出版社，2019.

［3］ 瑞佩尔. 新型智能手机解锁与软件维修方法 ［M］. 北京：化学工业出版社，2019.

［4］ 恒盛杰资讯. 中老年学智能手机与微信全程图解手册 ［M］. 北京：机械工业出版社，2019.

［5］ 迅维手机技术组. 苹果手机维修秒杀 129 例 ［M］. 北京：电子工业出版社，2018.

［6］ 梅秀江. 手机维修技能与考证培训教程 ［M］. 北京：机械工业出版社，2016.

［7］ 陈良. 移动电话机原理与维修 ［M］. 北京：电子工业出版社，2006.